KB087447

— 똑똑한 하루 —

빅터
연산

Chunjae
Makes
Chunjae

▼

기획총괄	박금옥
편집개발	지유경, 정소현, 조선영, 최윤석
디자인총괄	김희정
표지디자인	윤순미, 김주은
내지디자인	박희춘, 이혜미
제작	황성진, 조규영

발행일	2019년 11월 15일 초판 2024년 8월 15일 6쇄
발행인	(주)천재교육
주소	서울시 금천구 가산로9길 54
신고번호	제2001-000018호
고객센터	1577-0902
본문 사진 제공	셔터스톡

— 똑똑한 하루 —

빅터 연산

6B

초등 6 수준

지루하고 힘든 연산은 OUT!

쉽고 재미있는 빅터 연산으로 연산홀릭

빅터 연산 단계별 학습 내용

중등 수학

빅터 연산
구성과 특징 Structure

만화로 흥미 UP

학습할 내용을 만화로 먼저 보면 흥미와 관심을 높일 수 있습니다.

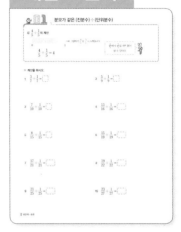

개념 & 원리 탄탄

연산의 원리를 쉽고 재미있게 확실히 이해하도록 하였습니다. 원리 이해를 돕는 문제로 연산의 기본을 다집니다.

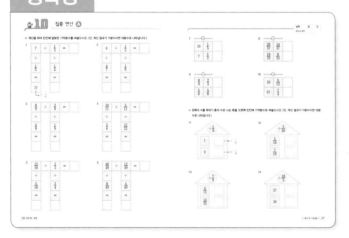

집중 연산

집중 연산을 통해 연산을 더 빠르고 더 정확하게 해결할 수 있게 됩니다.

다양한 유형으로 흥미 UP

수수께끼, 연상퀴즈 등 다양한 형태의 문제로 게임보다 더 쉽고 재미있게 연산을 학습하면서 실력을 쌓을 수 있습니다.

Contents 차례

6단계 · B권

이렇게 된 거죠!

알았어~.
어서 그 장치를
켜봐!

이걸 눌러서
켜야 하는데

헉!! 여기 암호가
걸려 있어요!

무… 무슨 암호?

$\dfrac{4}{7} \div \dfrac{2}{7}$ 를 계산
해야 해요.

이건 분수의
나눗셈이잖아!

$$\dfrac{4}{7} \div \dfrac{2}{7}$$

분모가 같은 분수의 나눗셈은 분자끼리
나누어 계산할 수 있지.

$\dfrac{4}{7}$ 는 $\dfrac{1}{7}$ 이 4개, $\dfrac{2}{7}$ 는 $\dfrac{1}{7}$ 이 2개이므로

$\dfrac{4}{7} \div \dfrac{2}{7}$ 는 $4 \div 2$ 로 계산할 수 있어요.

$$\dfrac{4}{7} \div \dfrac{2}{7} = 4 \div 2 = 2$$

됐다~.

그런데 외계인을
어떻게 찾아?

아~ 이건 외계인이
방귀를 끼면 그 냄새를
맡는 특별한 기계예요.

무… 무슨 그런
걸 만들었어.

앗! 반응이 와요!

기계가 선배를
가리켜요!

이거 제대로
작동하는 거 맞아?

학습 내용

- 분모가 같은 (진분수)÷(단위분수)
- 분모가 같은 (진분수)÷(진분수)
- 분모가 다른 (진분수)÷(진분수)
- (자연수)÷(단위분수)
- (자연수)÷(진분수)
- (자연수)÷(가분수)

01 분모가 같은 (진분수)÷(단위분수)

☺ $\frac{4}{5} \div \frac{1}{5}$의 계산

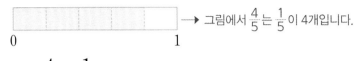

0　　　　　　　　　1

→ 그림에서 $\frac{4}{5}$는 $\frac{1}{5}$이 4개입니다.

$$\frac{4}{5} \div \frac{1}{5} = 4$$

$\frac{4}{5}$에서 $\frac{1}{5}$을 4번 덜어 낼 수 있어요.

✿ 계산을 하시오.

1　$\frac{3}{7} \div \frac{1}{7} = \boxed{}$

2　$\frac{5}{9} \div \frac{1}{9} = \boxed{}$

3　$\frac{7}{10} \div \frac{1}{10} = \boxed{}$

4　$\frac{13}{16} \div \frac{1}{16} = \boxed{}$

5　$\frac{8}{15} \div \frac{1}{15} = \boxed{}$

6　$\frac{15}{19} \div \frac{1}{19} = \boxed{}$

7　$\frac{17}{21} \div \frac{1}{21} = \boxed{}$

8　$\frac{19}{22} \div \frac{1}{22} = \boxed{}$

9　$\frac{21}{25} \div \frac{1}{25} = \boxed{}$

10　$\frac{23}{27} \div \frac{1}{27} = \boxed{}$

✿ **계산을 하시오.**

11
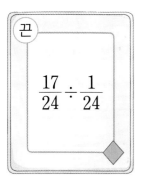
끈
$$\frac{17}{24} \div \frac{1}{24}$$

12
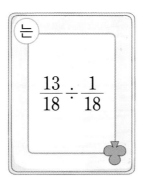
는
$$\frac{13}{18} \div \frac{1}{18}$$

13
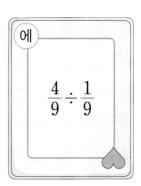
에
$$\frac{4}{9} \div \frac{1}{9}$$

14
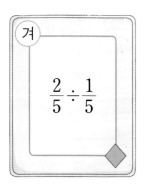
겨
$$\frac{2}{5} \div \frac{1}{5}$$

15
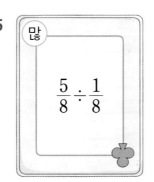
많
$$\frac{5}{8} \div \frac{1}{8}$$

16
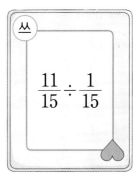
쓰
$$\frac{11}{15} \div \frac{1}{15}$$

17
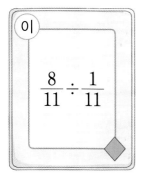
이
$$\frac{8}{11} \div \frac{1}{11}$$

18
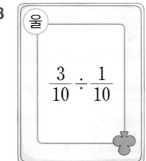
울
$$\frac{3}{10} \div \frac{1}{10}$$

19

은
$$\frac{20}{21} \div \frac{1}{21}$$

계산 결과가 작은 카드의 글자부터
차례로 써넣어 만든 수수께끼의
답은 무엇일까요?

수수께끼

										?

분모가 같은 (진분수) ÷ (진분수) (1)

☉ $\dfrac{4}{7} \div \dfrac{2}{7}$ 의 계산

분자끼리 나누어떨어지면 분자끼리 나눠요.

$$\dfrac{4}{7} \div \dfrac{2}{7} = 4 \div 2 = 2$$

$\dfrac{2}{7}$ $\dfrac{2}{7}$

0    $\dfrac{4}{7}$ 1

$\dfrac{4}{7} - \dfrac{2}{7} - \dfrac{2}{7} = 0 \Rightarrow \dfrac{4}{7} \div \dfrac{2}{7} = 2$

$\dfrac{4}{7}$ 는 $\dfrac{1}{7}$ 이 4개,

$\dfrac{2}{7}$ 는 $\dfrac{1}{7}$ 이 2개이므로

$\dfrac{4}{7} \div \dfrac{2}{7}$ 는 $4 \div 2$ 로 계산할 수 있어요.

❈ 계산을 하시오.

1 $\dfrac{8}{9} \div \dfrac{4}{9} = \boxed{} \div 4 = \boxed{}$

2 $\dfrac{6}{11} \div \dfrac{2}{11} = 6 \div \boxed{} = \boxed{}$

3 $\dfrac{9}{10} \div \dfrac{3}{10} = \boxed{} \div \boxed{} = \boxed{}$

4 $\dfrac{12}{13} \div \dfrac{4}{13} = \boxed{} \div \boxed{} = \boxed{}$

5 $\dfrac{8}{15} \div \dfrac{2}{15} = \boxed{} \div \boxed{} = \boxed{}$

6 $\dfrac{15}{17} \div \dfrac{5}{17} = \boxed{} \div \boxed{} = \boxed{}$

7 $\dfrac{6}{7} \div \dfrac{3}{7}$

8 $\dfrac{10}{13} \div \dfrac{2}{13}$

9 $\dfrac{15}{16} \div \dfrac{3}{16}$

10 $\dfrac{16}{19} \div \dfrac{4}{19}$

✸ **저울을 수평으로 맞추려면 추를 몇 개 사용해야 하는지 구하시오.**

11

저울 양쪽의 무게가
같아야 수평이 돼요.

（식）　$\dfrac{18}{23} \div \dfrac{2}{23} = \boxed{}$

왼쪽 무게를 추의 무게로
나누면 사용해야 할 추의
개수를 구할 수 있어요.

（답）_____ 개

12

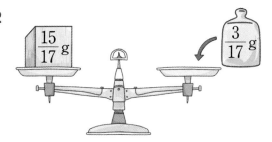

（식）　$\dfrac{15}{17} \div \dfrac{3}{17} = \boxed{}$

（답）_____ 개

13

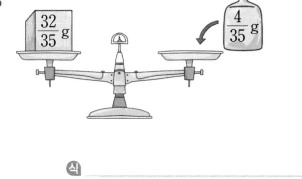

（식）_____

（답）_____ 개

14

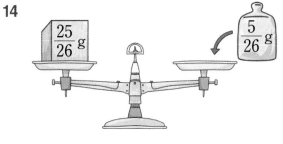

（식）_____

（답）_____ 개

15

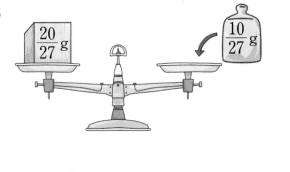

（식）_____

（답）_____ 개

16

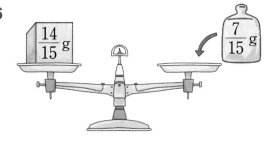

（식）_____

（답）_____ 개

분모가 같은 (진분수) ÷ (진분수) (2)

☺ $\dfrac{7}{8} \div \dfrac{3}{8}$의 계산

$$\dfrac{7}{8} \div \dfrac{3}{8} = 7 \div 3 = \dfrac{7}{3} = 2\dfrac{1}{3}$$

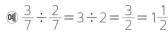

분자끼리 나누어떨어지지
않을 때에는 몫을 분수로 나타내요.

예) $\dfrac{3}{7} \div \dfrac{2}{7} = 3 \div 2 = \dfrac{3}{2} = 1\dfrac{1}{2}$

✤ 계산을 하여 기약분수로 나타내시오. (단, 계산 결과가 가분수이면 대분수로 나타냅니다.)

1 $\dfrac{9}{11} \div \dfrac{5}{11} = 9 \div 5 = \dfrac{\boxed{}}{\boxed{}} = \boxed{}$

2 $\dfrac{7}{12} \div \dfrac{5}{12} = 7 \div 5 = \dfrac{\boxed{}}{\boxed{}} = \boxed{}$

3 $\dfrac{15}{19} \div \dfrac{7}{19} = 15 \div \boxed{} = \dfrac{15}{\boxed{}} = \boxed{}$

4 $\dfrac{16}{25} \div \dfrac{9}{25} = \boxed{} \div 9 = \dfrac{\boxed{}}{9} = \boxed{}$

5 $\dfrac{16}{21} \div \dfrac{5}{21} = \boxed{} \div 5 = \dfrac{\boxed{}}{\boxed{}} = \boxed{}$

6 $\dfrac{25}{26} \div \dfrac{7}{26} = 25 \div \boxed{} = \dfrac{\boxed{}}{\boxed{}} = \boxed{}$

7 $\dfrac{9}{10} \div \dfrac{7}{10}$

8 $\dfrac{13}{15} \div \dfrac{6}{15}$

9 $\dfrac{16}{25} \div \dfrac{3}{25}$

10 $\dfrac{15}{26} \div \dfrac{9}{26}$

✽ 수호와 친구들이 자전거를 타고 캠핑장까지 가려고 합니다. 일정한 빠르기로 1분에 각자 들고 있는 카드의 거리만큼 씩 간다면 캠핑장까지 몇 분이 걸리는지 기약분수로 나타내시오. (단, 계산 결과가 가분수이면 대분수로 나타냅니다.)

자~ 출발~!

캠핑장까지는 $\frac{48}{55}$ km야.

11

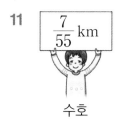

$\frac{7}{55}$ km

수호

식 $\frac{48}{55} \div \frac{7}{55} = 48 \div 7 = \frac{\boxed{}}{7} = \boxed{}$ 답 $\boxed{}$ 분

12

$\frac{9}{55}$ km

지민

식 $\frac{48}{55} \div \frac{9}{55} = 48 \div 9 = \frac{\boxed{}}{9} = \boxed{}$ 답 $\boxed{}$ 분

13

$\frac{14}{55}$ km

재우

식 $\frac{48}{55} \div \frac{14}{55} = 48 \div 14 = \frac{\boxed{}}{14} = \boxed{}$ 답 $\boxed{}$ 분

14

$\frac{13}{55}$ km

채희

식 $\frac{48}{55} \div \frac{13}{55} = 48 \div 13 = \frac{\boxed{}}{\boxed{}} = \boxed{}$ 답 $\boxed{}$ 분

15

$\frac{17}{55}$ km

수현

식 $\frac{48}{55} \div \frac{17}{55} = 48 \div 17 = \frac{\boxed{}}{\boxed{}} = \boxed{}$ 답 $\boxed{}$ 분

캠핑장까지 가장 오래 걸린 사람은 누구일까요?

분모가 다른 (진분수)÷(진분수) (1)

☑ $\dfrac{2}{3} \div \dfrac{3}{4}$ 의 계산

분자끼리의 나눗셈을 해요.

두 분모의 곱이나 두 분모의 최소공배수로 통분해요.

$$\dfrac{2}{3} \div \dfrac{3}{4} = \dfrac{2\times4}{3\times4} \div \dfrac{3\times3}{4\times3} = \dfrac{8}{12} \div \dfrac{9}{12} = 8 \div 9 = \dfrac{8}{9}$$

두 분수를 통분하여

✾ 계산을 하여 기약분수로 나타내시오. (단, 계산 결과가 가분수이면 대분수로 나타냅니다.)

1   $\dfrac{1}{3} \div \dfrac{2}{5} = \dfrac{1\times5}{3\times5} \div \dfrac{2\times3}{5\times3} = \dfrac{5}{15} \div \dfrac{6}{15} = \boxed{} \div \boxed{} = \boxed{}$

2   $\dfrac{5}{7} \div \dfrac{3}{4} = \dfrac{5\times4}{7\times4} \div \dfrac{3\times\boxed{}}{4\times\boxed{}} = \dfrac{20}{28} \div \dfrac{\boxed{}}{28} = \boxed{} \div \boxed{} = \boxed{}$

3   $\dfrac{2}{9} \div \dfrac{5}{8}$

4   $\dfrac{7}{10} \div \dfrac{3}{4}$

5   $\dfrac{5}{7} \div \dfrac{2}{3}$

6   $\dfrac{3}{8} \div \dfrac{5}{12}$

7   $\dfrac{9}{10} \div \dfrac{2}{7}$

8   $\dfrac{14}{15} \div \dfrac{8}{9}$

✿ 계산을 하여 기약분수로 나타내시오. (단, 계산 결과가 가분수이면 대분수로 나타냅니다.)

9   $\dfrac{5}{8} \div \dfrac{1}{4}$

10   $\dfrac{9}{10} \div \dfrac{3}{8}$

11   $\dfrac{8}{15} \div \dfrac{2}{5}$

12   $\dfrac{10}{21} \div \dfrac{5}{6}$

13   $\dfrac{15}{32} \div \dfrac{3}{4}$

14   $\dfrac{18}{25} \div \dfrac{3}{5}$

15   $\dfrac{11}{14} \div \dfrac{3}{7}$

16   $\dfrac{9}{17} \div \dfrac{3}{5}$

17   $\dfrac{15}{22} \div \dfrac{7}{8}$

18   $\dfrac{20}{33} \div \dfrac{4}{9}$

계산 결과가 적힌 칸을 ×표 한 후
남은 글자를 조합하면 체험 학습을
간 장소를 알 수 있어요.

수 $\dfrac{4}{7}$	미 $\dfrac{5}{8}$	험 $\dfrac{15}{17}$	박 $\dfrac{60}{77}$
관 $2\dfrac{1}{2}$	벌 $2\dfrac{3}{5}$	영 $2\dfrac{2}{5}$	체 $1\dfrac{1}{3}$
갯 $1\dfrac{1}{6}$	장 $1\dfrac{5}{6}$	족 $1\dfrac{4}{11}$	물 $1\dfrac{1}{5}$

05 분모가 다른 (진분수) ÷ (진분수) (2)

☆ $\dfrac{2}{3} \div \dfrac{3}{4}$의 계산

분모와 분자를 바꾸어 곱해요.

$$\dfrac{2}{3} \div \dfrac{3}{4} = \dfrac{2}{3} \times \dfrac{4}{3} = \dfrac{8}{9}$$

(분수) ÷ (분수)를 (분수) × (분수)로 나타내요.

분모를 같게 만들어 계산하는 과정을 생략한 거예요.

$$\dfrac{2}{3} \div \dfrac{3}{4} = \dfrac{2 \times 4}{3 \times 4} \div \dfrac{3 \times 3}{4 \times 3} = \dfrac{2 \times 4}{3 \times 3}$$

$$= \dfrac{2}{3} \times \dfrac{4}{3}$$

생략

❋ 계산을 하여 기약분수로 나타내시오. (단, 계산 결과가 가분수이면 대분수로 나타냅니다.)

1 $\dfrac{1}{2} \div \dfrac{3}{5} = \dfrac{1}{2} \times \dfrac{\boxed{}}{\boxed{}} = \dfrac{\boxed{}}{\boxed{}}$

2 $\dfrac{3}{4} \div \dfrac{2}{3} = \dfrac{3}{4} \times \dfrac{\boxed{}}{\boxed{}} = \dfrac{\boxed{}}{\boxed{}} = \boxed{}$

3 $\dfrac{9}{11} \div \dfrac{5}{6}$

4 $\dfrac{5}{8} \div \dfrac{6}{7}$

5 $\dfrac{4}{9} \div \dfrac{7}{12}$

6 $\dfrac{8}{9} \div \dfrac{3}{4}$

7 $\dfrac{11}{14} \div \dfrac{11}{42}$

8 $\dfrac{18}{23} \div \dfrac{9}{13}$

9 $\dfrac{15}{16} \div \dfrac{9}{14}$

10 $\dfrac{16}{21} \div \dfrac{8}{9}$

☀ 계산 결과가 가장 큰 나눗셈의 글자에 ◯표 하시오.

11

$\dfrac{3}{5} \div \dfrac{5}{6}$ 금

$\dfrac{2}{5} \div \dfrac{3}{8}$ 노

$\dfrac{1}{8} \div \dfrac{2}{3}$ 심

12

$\dfrac{2}{3} \div \dfrac{3}{5}$ 적

$\dfrac{4}{21} \div \dfrac{3}{4}$ 석

$\dfrac{3}{4} \div \dfrac{5}{6}$ 청

13

$\dfrac{5}{6} \div \dfrac{3}{7}$ 사

$\dfrac{5}{12} \div \dfrac{7}{9}$ 위

$\dfrac{14}{15} \div \dfrac{8}{21}$ 성

14

$\dfrac{5}{22} \div \dfrac{5}{11}$ 달

$\dfrac{9}{10} \div \dfrac{3}{8}$ 해

$\dfrac{3}{5} \div \dfrac{7}{15}$ 개

◯표 한 글자를 각각 써넣으면 아주 작은 힘이 모여서 큰 일을 이룰 수 있다는 뜻의 사자성어가 돼요.

11	12	13	14

(자연수) ÷ (단위분수)

☺ $2 \div \frac{1}{3}$ 의 계산

나눗셈을 곱셈으로

$$2 \div \frac{1}{3} = 2 \times 3 = 6$$

자연수와 단위분수의 분모를 곱해요.

2에서 $\frac{1}{3}$ 을 몇 번 덜어 냈는지 구하여 몫을 알 수 있어요.

$$2 - \frac{1}{3} - \frac{1}{3} - \frac{1}{3} - \frac{1}{3} - \frac{1}{3} - \frac{1}{3} = 0$$

6번

➡ $2 \div \frac{1}{3} = 6$

✿ 계산을 하시오.

1 $3 \div \frac{1}{2} = 3 \times 2 = \boxed{}$

2 $4 \div \frac{1}{5} = 4 \times \boxed{} = \boxed{}$

3 $2 \div \frac{1}{4} = 2 \times \boxed{} = \boxed{}$

4 $5 \div \frac{1}{3} = 5 \times \boxed{} = \boxed{}$

5 $6 \div \frac{1}{3} = 6 \times \boxed{} = \boxed{}$

6 $7 \div \frac{1}{2} = 7 \times \boxed{} = \boxed{}$

7 $8 \div \frac{1}{6} = \boxed{} \times \boxed{} = \boxed{}$

8 $9 \div \frac{1}{7} = \boxed{} \times \boxed{} = \boxed{}$

9 $1 \div \frac{1}{10} = \boxed{} \times \boxed{} = \boxed{}$

10 $11 \div \frac{1}{8} = \boxed{} \times \boxed{} = \boxed{}$

날짜 :   월   일

부모님 확인

※ 계산을 하시오.

11 $8 \div \dfrac{1}{7} =$ ☐ ─ 삼

12 $12 \div \dfrac{1}{5} =$ ☐ ─ 일

13 $10 \div \dfrac{1}{8} =$ ☐ ─ 립

14 $15 \div \dfrac{1}{3} =$ ☐ ─ 성

15 $14 \div \dfrac{1}{5} =$ ☐ ─ 절

16 $16 \div \dfrac{1}{2} =$ ☐ ─ 여

17 $13 \div \dfrac{1}{6} =$ ☐ ─ 독

18 $22 \div \dfrac{1}{5} =$ ☐ ─ 동

19 $12 \div \dfrac{1}{9} =$ ☐ ─ 운

20 $21 \div \dfrac{1}{4} =$ ☐ ─ 만

21 $26 \div \dfrac{1}{4} =$ ☐ ─ 세

몫이 작은 것의 글자부터 차례로
쓰면 위인을 알 수 있는 힌트가 돼요.
이 위인의 이름은 무엇일까요?

연상퀴즈

☐☐ , ☐☐☐ , ☐☐☐☐ ☐☐

1. 분수의 나눗셈 (1) **19**

(자연수)÷(진분수) (1)

◎ $8 \div \dfrac{2}{3}$의 계산

$$8 \div \frac{2}{3} = (8 \div 2) \times 3 = 4 \times 3 = 12$$

$8 \div \dfrac{2}{3}$에서 8이 분자 2의 배수이므로 $8 \div 2$를 계산하고 분모 3을 곱해요.

✿ 계산을 하시오.

1   $4 \div \dfrac{2}{5} = (4 \div 2) \times \boxed{} = \boxed{}$

2   $6 \div \dfrac{2}{7} = (6 \div 2) \times \boxed{} = \boxed{}$

3   $8 \div \dfrac{4}{5} = (8 \div \boxed{}) \times \boxed{} = \boxed{}$

4   $9 \div \dfrac{3}{14} = (9 \div \boxed{}) \times \boxed{} = \boxed{}$

5   $24 \div \dfrac{3}{8} = \boxed{}$

6   $12 \div \dfrac{4}{17} = \boxed{}$

7   $18 \div \dfrac{9}{10} = \boxed{}$

8   $27 \div \dfrac{9}{11} = \boxed{}$

9   $15 \div \dfrac{3}{4} = \boxed{}$

10   $15 \div \dfrac{5}{14} = \boxed{}$

✿ 빵을 한 개 만드는 데 필요한 밀가루의 양이 각각 다음과 같습니다. 밀가루 6 kg으로 각각의 빵을 몇 개까지 만들 수 있는지 알아보시오.

크림빵	크루아상	머핀	소시지빵	베이글	바게트
$\dfrac{2}{5}$ kg	$\dfrac{3}{8}$ kg	$\dfrac{2}{7}$ kg	$\dfrac{3}{10}$ kg	$\dfrac{2}{9}$ kg	$\dfrac{3}{5}$ kg

11

식 $6 \div \dfrac{2}{5} = \boxed{}$

답 　　　　　　　　　개

12

식

답 　　　　　　　　　개

13

식

답 　　　　　　　　　개

14

식

답 　　　　　　　　　개

15

식

답 　　　　　　　　　개

16

식

답 　　　　　　　　　개

밀가루 6 kg으로 가장 많이 만들 수 있는 빵은 무엇일까요?

08 (자연수) ÷ (진분수) (2)

☺ $3 \div \dfrac{2}{5}$의 계산

$$3 \div \dfrac{2}{5} = 3 \times \dfrac{5}{2} = \dfrac{15}{2} = 7\dfrac{1}{2}$$

÷는 ×로, 분모는 분자로, 분자는 분모로!

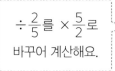

$\div \dfrac{2}{5}$를 $\times \dfrac{5}{2}$로 바꾸어 계산해요.

✿ 계산을 하여 기약분수로 나타내시오. (단, 계산 결과가 가분수이면 대분수로 나타냅니다.)

1 $5 \div \dfrac{3}{4} = 5 \times \dfrac{\square}{\square} = \dfrac{\square}{\square} = \square$

2 $2 \div \dfrac{5}{8} = 2 \times \dfrac{\square}{\square} = \dfrac{\square}{\square} = \square$

3 $3 \div \dfrac{5}{11}$

4 $7 \div \dfrac{4}{9}$

5 $6 \div \dfrac{4}{7}$

6 $3 \div \dfrac{4}{5}$

7 $5 \div \dfrac{2}{3}$

8 $9 \div \dfrac{6}{7}$

9 $8 \div \dfrac{7}{10}$

10 $8 \div \dfrac{5}{6}$

11 갈림길에서 나눗셈의 몫이 가장 큰 쪽을 따라가 보석함 열쇠를 찾아보시오.

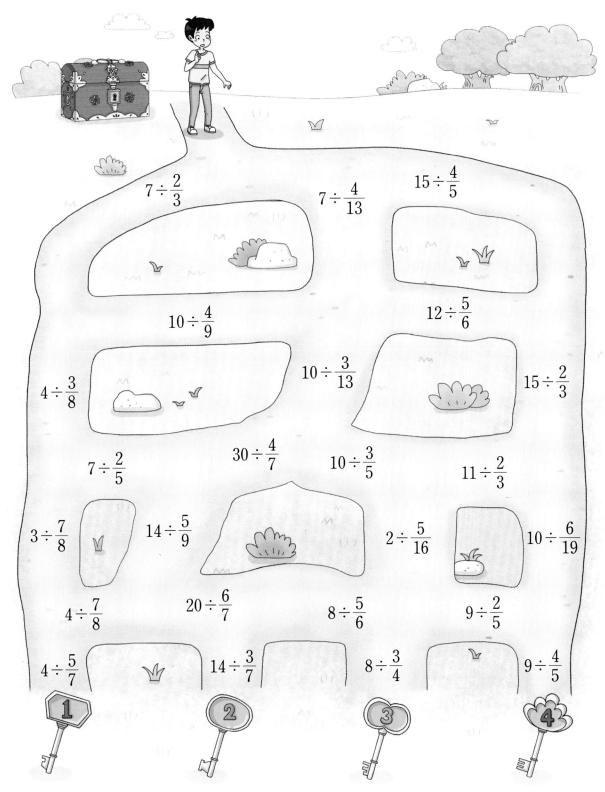

 보석함에 맞는 열쇠는 몇 번 열쇠일까요?

(자연수)÷(가분수)

◎ $3 \div \dfrac{5}{4}$의 계산

나눗셈을 곱셈으로

$$3 \div \dfrac{5}{4} = 3 \times \dfrac{4}{5} = \dfrac{12}{5} = 2\dfrac{2}{5}$$

나누는 수의 분모와 분자를 바꾸어 곱해요.

자연수를 분수로 나타내어 계산할 수도 있어요.

$3 \div \dfrac{5}{4} = \dfrac{12}{4} \div \dfrac{5}{4} = 12 \div 5 = \dfrac{12}{5} = 2\dfrac{2}{5}$

✿ 계산을 하여 기약분수로 나타내시오. (단, 계산 결과가 가분수이면 대분수로 나타냅니다.)

1 $2 \div \dfrac{11}{5} = 2 \times \dfrac{\boxed{}}{\boxed{}} = \dfrac{\boxed{}}{\boxed{}}$

2 $4 \div \dfrac{7}{2} = 4 \times \dfrac{\boxed{}}{\boxed{}} = \dfrac{\boxed{}}{\boxed{}} = \boxed{}$

3 $3 \div \dfrac{10}{9}$

4 $6 \div \dfrac{9}{7}$

5 $7 \div \dfrac{13}{6}$

6 $8 \div \dfrac{3}{2}$

7 $10 \div \dfrac{6}{5}$

8 $15 \div \dfrac{5}{4}$

9 $21 \div \dfrac{14}{9}$

10 $24 \div \dfrac{20}{11}$

✳ 계산을 하여 기약분수로 나타내시오. (단, 계산 결과가 가분수이면 대분수로 나타냅니다.)

11　$6 \div \dfrac{6}{5} =$ ⬜ ◇N

12　$7 \div \dfrac{9}{4} =$ ⬜ ◇W

13　$9 \div \dfrac{7}{3} =$ ⬜ ◇O

14　$4 \div \dfrac{8}{7} =$ ⬜ ◇U

15　$12 \div \dfrac{7}{6} =$ ⬜ ◇L

16　$2 \div \dfrac{5}{4} =$ ⬜ ◇E

17　$15 \div \dfrac{3}{2} =$ ⬜ ◇S

18　$10 \div \dfrac{5}{3} =$ ⬜ ◇F

19　$3 \div \dfrac{12}{7} =$ ⬜ ◇R

계산 결과에 해당하는 알파벳을 써넣어
만든 영어 단어의 뜻은 무엇일까요?

10	$3\dfrac{1}{2}$	5	6	$10\dfrac{2}{7}$	$3\dfrac{6}{7}$	$3\dfrac{1}{9}$	$1\dfrac{3}{5}$	$1\dfrac{3}{4}$

❋ 계산을 하여 빈칸에 알맞은 기약분수를 써넣으시오. (단, 계산 결과가 가분수이면 대분수로 나타냅니다.)

1

7	$\div$	$\dfrac{1}{3}$	$=$	
$\div$		$\div$		
$\dfrac{1}{5}$		$\dfrac{1}{4}$		
$=$		$=$		
35				

$\rightarrow 7 \div \dfrac{1}{5}$

2

8	$\div$	$\dfrac{1}{2}$	$=$	
$\div$		$\div$		
$\dfrac{4}{7}$		$\dfrac{1}{9}$		
$=$		$=$		

3

$\dfrac{8}{9}$	$\div$	$\dfrac{2}{9}$	$=$	
$\div$		$\div$		
$\dfrac{4}{9}$		$\dfrac{1}{9}$		
$=$		$=$		

4

$\dfrac{10}{11}$	$\div$	$\dfrac{5}{11}$	$=$	
$\div$		$\div$		
$\dfrac{5}{6}$		$\dfrac{15}{22}$		
$=$		$=$		

5

$\dfrac{15}{16}$	$\div$	$\dfrac{2}{3}$	$=$	
$\div$		$\div$		
$\dfrac{5}{16}$		$\dfrac{3}{4}$		
$=$		$=$		

6

$\dfrac{48}{49}$	$\div$	$\dfrac{12}{49}$	$=$	
$\div$		$\div$		
$\dfrac{6}{49}$		$\dfrac{4}{49}$		
$=$		$=$		

7

÷ →

| 10 | $\frac{1}{5}$ | |
| 7 | $\frac{1}{2}$ | |

8

÷ →

| $\frac{28}{37}$ | $\frac{14}{37}$ | |
| $\frac{16}{25}$ | $\frac{8}{25}$ | |

9

÷ →

| $\frac{8}{9}$ | $\frac{2}{3}$ | |
| $\frac{5}{8}$ | $\frac{5}{6}$ | |

10

÷ →

| 35 | $\frac{5}{12}$ | |
| 21 | $\frac{7}{4}$ | |

❊ 왼쪽의 수를 꼭대기 층의 수로 나눈 몫을 오른쪽 빈칸에 기약분수로 써넣으시오. (단, 계산 결과가 가분수이면 대분수로 나타냅니다.)

11

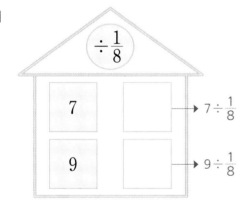

$÷\frac{1}{8}$

7 　　　　→ $7 ÷ \frac{1}{8}$

9 　　　　→ $9 ÷ \frac{1}{8}$

12

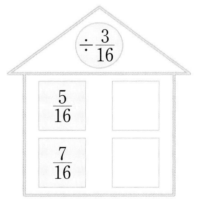

$÷\frac{3}{16}$

$\frac{5}{16}$

$\frac{7}{16}$

13

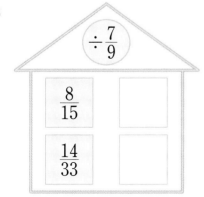

$÷\frac{7}{9}$

$\frac{8}{15}$

$\frac{14}{33}$

14

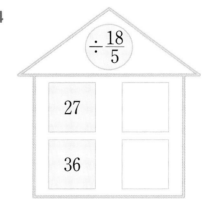

$÷\frac{18}{5}$

27

36

❁ 계산을 하여 기약분수로 나타내시오. (단, 계산 결과가 가분수이면 대분수로 나타냅니다.)

1   $2 \div \dfrac{1}{3}$

2   $7 \div \dfrac{1}{9}$

3   $12 \div \dfrac{1}{5}$

4   $16 \div \dfrac{1}{3}$

5   $\dfrac{7}{8} \div \dfrac{1}{8}$

6   $\dfrac{2}{11} \div \dfrac{1}{11}$

7   $\dfrac{8}{13} \div \dfrac{1}{13}$

8   $\dfrac{33}{37} \div \dfrac{1}{37}$

9   $\dfrac{9}{16} \div \dfrac{5}{16}$

10   $\dfrac{15}{17} \div \dfrac{5}{17}$

11   $\dfrac{13}{14} \div \dfrac{9}{14}$

12   $\dfrac{16}{21} \div \dfrac{20}{21}$

13   $\dfrac{4}{9} \div \dfrac{2}{5}$

14   $\dfrac{3}{5} \div \dfrac{9}{10}$

15 $\dfrac{4}{9} \div \dfrac{9}{11}$

16 $\dfrac{11}{20} \div \dfrac{8}{15}$

17 $\dfrac{4}{7} \div \dfrac{8}{13}$

18 $\dfrac{7}{8} \div \dfrac{9}{14}$

19 $\dfrac{4}{9} \div \dfrac{7}{12}$

20 $\dfrac{5}{6} \div \dfrac{8}{13}$

21 $8 \div \dfrac{10}{11}$

22 $12 \div \dfrac{2}{3}$

23 $14 \div \dfrac{8}{13}$

24 $20 \div \dfrac{4}{5}$

25 $4 \div \dfrac{7}{6}$

26 $10 \div \dfrac{18}{17}$

27 $15 \div \dfrac{5}{4}$

28 $44 \div \dfrac{22}{15}$

우리 동네 뒷산에 가면 폐광박물관이 있어.

박물관 옆에 작은 동굴이 있는데 아직도 거기에 석탄이 있대.

정말 잘 됐다.

어서 뒷산으로 가자!

잠깐만요!

그 전에 이 문제를 알려주세요.

이건 분수의 나눗셈 문제네.

$$\dfrac{5}{2} \div \dfrac{5}{3}$$

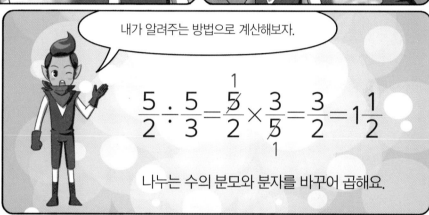

내가 알려주는 방법으로 계산해보자.

$$\dfrac{5}{2} \div \dfrac{5}{3} = \dfrac{\overset{1}{\cancel{5}}}{2} \times \dfrac{3}{\underset{1}{\cancel{5}}} = \dfrac{3}{2} = 1\dfrac{1}{2}$$

나누는 수의 분모와 분자를 바꾸어 곱해요.

그런데 갑자기 수학 문제는 왜?

하.. 그게..

학교 숙제인데 어려워서요…….

다른 건 다 잘하면서.

긁적 긁적

석탄이 얼마나 필요해?

10 kg 정도 필요해요.

조심히 다녀오세요.

알겠어.

학습 내용

- (가분수)÷(가분수)
- (대분수)÷(진분수)
- (진분수)÷(대분수)
- (대분수)÷(가분수)
- (가분수)÷(대분수)
- (대분수)÷(대분수)

(가분수) ÷ (가분수)

◎ $\dfrac{5}{2} \div \dfrac{5}{3}$의 계산

나누는 수의 분모와 분자를 바꾸어 곱해요.

$$\dfrac{5}{2} \div \dfrac{5}{3} = \dfrac{\overset{1}{\cancel{5}}}{2} \times \dfrac{3}{\underset{1}{\cancel{5}}} = \dfrac{3}{2} = 1\dfrac{1}{2}$$

나눗셈을 곱셈으로   가분수는 대분수로

약분하면 더 간단히 나타낼 수 있어요.

✻ 계산을 하여 기약분수로 나타내시오. (단, 계산 결과가 가분수이면 대분수로 나타냅니다.)

1 $\dfrac{7}{5} \div \dfrac{5}{3} = \dfrac{7}{5} \times \dfrac{\boxed{}}{5} = \dfrac{\boxed{}}{25}$

2 $\dfrac{4}{3} \div \dfrac{8}{5} = \dfrac{4}{3} \times \dfrac{\boxed{}}{8} = \dfrac{\boxed{}}{6}$

3 $\dfrac{6}{5} \div \dfrac{7}{6}$

4 $\dfrac{3}{2} \div \dfrac{4}{3}$

5 $\dfrac{9}{4} \div \dfrac{9}{7}$

6 $\dfrac{8}{7} \div \dfrac{15}{14}$

7 $\dfrac{13}{10} \div \dfrac{11}{5}$

8 $\dfrac{16}{15} \div \dfrac{10}{9}$

9 $\dfrac{15}{8} \div \dfrac{9}{4}$

10 $\dfrac{18}{11} \div \dfrac{10}{7}$

✽ 계산을 하여 기약분수로 나타내시오. (단, 계산 결과가 가분수이면 대분수로 나타냅니다.)

11 $\dfrac{3}{2} \div \dfrac{5}{4}$

12 $\dfrac{5}{3} \div \dfrac{10}{9}$

13 $\dfrac{15}{8} \div \dfrac{17}{12}$

14 $\dfrac{19}{10} \div \dfrac{19}{11}$

15 $\dfrac{12}{7} \div \dfrac{9}{5}$

16 $\dfrac{22}{9} \div \dfrac{11}{4}$

17 $\dfrac{17}{14} \div \dfrac{34}{7}$

18 $\dfrac{9}{4} \div \dfrac{13}{8}$

19 $\dfrac{7}{6} \div \dfrac{14}{13}$

20 $\dfrac{13}{10} \div \dfrac{27}{20}$

21 $\dfrac{28}{9} \div \dfrac{14}{5}$

계산 결과가 적힌 칸을 색칠하면 숨겨져 있는

숫자 _____ 이(가) 보여요.

$\dfrac{1}{4}$	$\dfrac{8}{9}$	$\dfrac{20}{21}$
$\dfrac{1}{11}$	$\dfrac{8}{13}$	$\dfrac{26}{27}$
$1\dfrac{1}{2}$	$1\dfrac{1}{5}$	$1\dfrac{1}{9}$
$1\dfrac{1}{8}$	$1\dfrac{1}{11}$	$1\dfrac{1}{10}$
$1\dfrac{1}{12}$	$1\dfrac{5}{13}$	$1\dfrac{11}{34}$

02 (대분수) ÷ (진분수)

☑ $1\dfrac{1}{2} \div \dfrac{2}{3}$ 의 계산

분모와 분자를 바꾸어요.

$$1\dfrac{1}{2} \div \dfrac{2}{3} = \dfrac{3}{2} \div \dfrac{2}{3} = \dfrac{3}{2} \times \dfrac{3}{2} = \dfrac{9}{4} = 2\dfrac{1}{4}$$

대분수를 가분수로   ÷를 ×로   가분수는 대분수로

대분수는 항상 진분수보다 크니까 (대분수)÷(진분수)의 몫은 1보다 커요.

✿ 계산을 하여 기약분수로 나타내시오. (단, 계산 결과가 가분수이면 대분수로 나타냅니다.)

1 $2\dfrac{1}{4} \div \dfrac{6}{7} = \dfrac{\boxed{}}{4} \div \dfrac{6}{7} = \dfrac{\boxed{}}{4} \times \dfrac{\boxed{}}{6} = \dfrac{\boxed{}}{8} = \boxed{}$

2 $1\dfrac{1}{3} \div \dfrac{3}{4}$

3 $1\dfrac{2}{7} \div \dfrac{2}{3}$

4 $3\dfrac{3}{7} \div \dfrac{8}{11}$

5 $1\dfrac{4}{5} \div \dfrac{9}{16}$

6 $2\dfrac{1}{5} \div \dfrac{3}{8}$

7 $2\dfrac{5}{6} \div \dfrac{17}{18}$

8 $1\dfrac{3}{5} \div \dfrac{12}{17}$

9 $4\dfrac{2}{3} \div \dfrac{7}{9}$

❋ 약수 $3\dfrac{1}{8}$ L를 다음과 같은 한 종류의 병에 모두 나누어 담으려고 합니다. 각 병은 적어도 몇 개 필요한지 알아보시오.

10

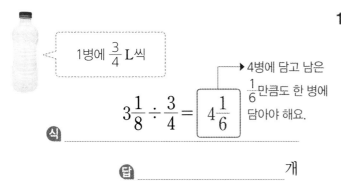

1병에 $\dfrac{3}{4}$ L씩

$3\dfrac{1}{8} \div \dfrac{3}{4} = \boxed{4\dfrac{1}{6}}$

→ 4병에 담고 남은 $\dfrac{1}{6}$ 만큼도 한 병에 담아야 해요.

식 _____

답 _____ 개

11

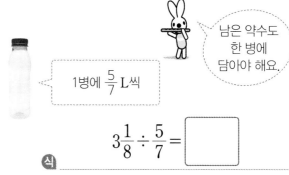

남은 약수도 한 병에 담아야 해요.

1병에 $\dfrac{5}{7}$ L씩

$3\dfrac{1}{8} \div \dfrac{5}{7} = \boxed{}$

식 _____

답 _____ 개

12

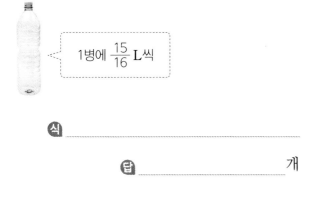

1병에 $\dfrac{15}{16}$ L씩

식 _____

답 _____ 개

13

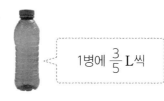

1병에 $\dfrac{3}{5}$ L씩

식 _____

답 _____ 개

14

1병에 $\dfrac{9}{10}$ L씩

식 _____

답 _____ 개

15

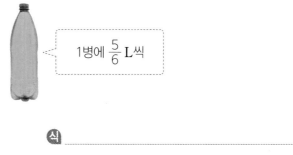

1병에 $\dfrac{5}{6}$ L씩

식 _____

답 _____ 개

(진분수) ÷ (대분수)

◉ $\frac{1}{2} \div 1\frac{1}{3}$ 의 계산

대분수를 가분수로　　분모와 분자를 바꾸어요.

$$\frac{1}{2} \div 1\frac{1}{3} = \frac{1}{2} \div \frac{4}{3} = \frac{1}{2} \times \frac{3}{4} = \frac{3}{8}$$

나눗셈을 곱셈으로 나타내요.

두 분수를 통분하여 계산할 수도 있어요.

$$\frac{1}{2} \div 1\frac{1}{3} = \frac{1}{2} \div \frac{4}{3}$$
$$= \frac{3}{6} \div \frac{8}{6} = 3 \div 8 = \frac{3}{8}$$

✿ 계산을 하여 기약분수로 나타내시오.

1 $\dfrac{4}{5} \div 2\dfrac{1}{6} = \dfrac{4}{5} \div \dfrac{\boxed{}}{6} = \dfrac{4}{5} \times \dfrac{6}{\boxed{}} = \boxed{}$

2 $\dfrac{7}{11} \div 1\dfrac{5}{9} = \dfrac{7}{11} \div \dfrac{\boxed{}}{9} = \dfrac{7}{11} \times \dfrac{9}{\boxed{}} = \dfrac{\boxed{}}{22}$

3 $\dfrac{5}{9} \div 2\dfrac{2}{5}$

4 $\dfrac{6}{7} \div 1\dfrac{1}{14}$

5 $\dfrac{7}{8} \div 5\dfrac{5}{6}$

6 $\dfrac{1}{4} \div 1\dfrac{1}{9}$

7 $\dfrac{3}{4} \div 1\dfrac{1}{2}$

8 $\dfrac{3}{5} \div 2\dfrac{1}{10}$

✿ **계산을 하여 기약분수로 나타내시오.**

9 $\dfrac{7}{12} \div 1\dfrac{7}{15} =$ ⬚ — 가

10 $\dfrac{3}{4} \div 1\dfrac{3}{5} =$ ⬚ — 빠

11 $\dfrac{3}{7} \div 4\dfrac{1}{2} =$ ⬚ — 세

12 $\dfrac{3}{8} \div 2\dfrac{1}{4} =$ ⬚ — 닭

13 $\dfrac{2}{9} \div 3\dfrac{1}{3} =$ ⬚ — 은

14 $\dfrac{7}{10} \div 5\dfrac{4}{5} =$ ⬚ — 상

15 $\dfrac{2}{3} \div 1\dfrac{1}{9} =$ ⬚ — 에

16 $\dfrac{2}{5} \div 1\dfrac{1}{3} =$ ⬚ — 장

17 $\dfrac{5}{14} \div 1\dfrac{3}{7} =$ ⬚ — 른

18 $\dfrac{11}{12} \div 1\dfrac{5}{6} =$ ⬚ — 서

계산 결과에 해당하는 글자를 써넣어
만든 이 수수께끼의 답은 무엇일까요?

수수께끼

$\dfrac{2}{21}$	$\dfrac{7}{58}$	$\dfrac{3}{5}$	$\dfrac{1}{2}$	$\dfrac{35}{88}$	$\dfrac{3}{10}$	$\dfrac{15}{32}$	$\dfrac{1}{4}$	$\dfrac{1}{6}$	$\dfrac{1}{15}$
										?

04 (대분수)÷(가분수)

⊡ $1\frac{1}{3} \div \frac{3}{2}$의 계산

$$1\frac{1}{3} \div \frac{3}{2} = \frac{4}{3} \div \frac{3}{2} = \frac{4}{3} \times \frac{2}{3} = \frac{8}{9}$$

대분수를 가분수로　나눗셈을 곱셈으로

먼저 대분수를 가분수로 바꾸고 나누는 수의 분모와 분자를 바꾸어 곱해요.

✲ 계산을 하여 기약분수로 나타내시오. (단, 계산 결과가 가분수이면 대분수로 나타냅니다.)

1 $2\frac{1}{4} \div \frac{5}{3} = \frac{9}{4} \div \frac{5}{3} = \frac{9}{4} \times \frac{3}{\square} = \frac{\square}{\square} = \square$

2 $5\frac{2}{3} \div \frac{17}{9} = \frac{\square}{3} \div \frac{17}{9} = \frac{\square}{3} \times \frac{\square}{17} = \square$

3 $3\frac{3}{7} \div \frac{8}{5}$

4 $2\frac{2}{5} \div \frac{4}{3}$

5 $2\frac{5}{8} \div \frac{7}{6}$

6 $1\frac{1}{6} \div \frac{14}{9}$

7 $1\frac{7}{9} \div \frac{8}{5}$

8 $2\frac{1}{10} \div \frac{15}{14}$

❀ 길에 적힌 나눗셈식을 계산하여 기약분수로 나타내시오. (단, 계산 결과가 가분수이면 대분수로 나타냅니다.)

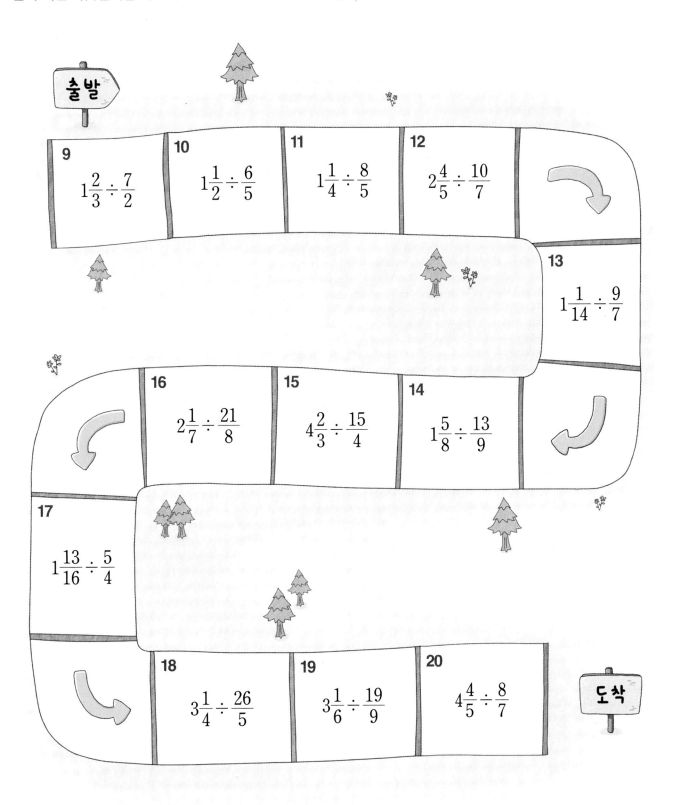

출발

9　$1\frac{2}{3} \div \frac{7}{2}$

10　$1\frac{1}{2} \div \frac{6}{5}$

11　$1\frac{1}{4} \div \frac{8}{5}$

12　$2\frac{4}{5} \div \frac{10}{7}$

13　$1\frac{1}{14} \div \frac{9}{7}$

16　$2\frac{1}{7} \div \frac{21}{8}$

15　$4\frac{2}{3} \div \frac{15}{4}$

14　$1\frac{5}{8} \div \frac{13}{9}$

17　$1\frac{13}{16} \div \frac{5}{4}$

18　$3\frac{1}{4} \div \frac{26}{5}$

19　$3\frac{1}{6} \div \frac{19}{9}$

20　$4\frac{4}{5} \div \frac{8}{7}$

도착

05 (가분수) ÷ (대분수)

$\frac{3}{2} \div 1\frac{1}{3}$의 계산

대분수를 가분수로 / 분모와 분자를 바꾸어요.

$$\frac{3}{2} \div 1\frac{1}{3} = \frac{3}{2} \div \frac{4}{3} = \frac{3}{2} \times \frac{3}{4} = \frac{9}{8} = 1\frac{1}{8}$$

나눗셈을 곱셈으로

계산 중간에 약분되면 약분해요.
결과는 기약분수로 나타내세요.

✲ 계산을 하여 기약분수로 나타내시오. (단, 계산 결과가 가분수이면 대분수로 나타냅니다.)

1 $\frac{5}{3} \div 3\frac{3}{4} = \frac{5}{3} \div \frac{\square}{4} = \frac{5}{3} \times \frac{4}{\square} = \frac{\square}{9}$

2 $\frac{8}{5} \div 1\frac{1}{2} = \frac{8}{5} \div \frac{\square}{2} = \frac{8}{5} \times \frac{2}{\square} = \frac{\square}{\square} = \square$

3 $\frac{4}{3} \div 1\frac{1}{7}$

4 $\frac{14}{9} \div 3\frac{3}{5}$

5 $\frac{9}{7} \div 2\frac{2}{5}$

6 $\frac{27}{11} \div 2\frac{5}{14}$

7 $\frac{10}{9} \div 1\frac{5}{12}$

8 $\frac{6}{5} \div 1\frac{5}{9}$

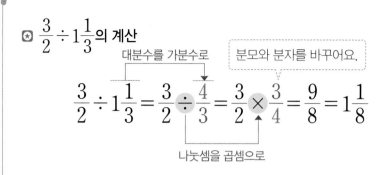

❋ 계산을 하여 기약분수로 나타내시오. (단, 계산 결과가 가분수이면 대분수로 나타냅니다.)

9 $\dfrac{4}{3} \div 1\dfrac{1}{4} =$ ☐ — B

10 $\dfrac{6}{5} \div 1\dfrac{1}{3} =$ ☐ — T

11 $\dfrac{12}{7} \div 1\dfrac{1}{2} =$ ☐ — S

12 $\dfrac{7}{2} \div 1\dfrac{3}{4} =$ ☐ — W

13 $\dfrac{17}{9} \div 2\dfrac{1}{3} =$ ☐ — E

14 $\dfrac{11}{4} \div 1\dfrac{2}{9} =$ ☐ — Y

15 $\dfrac{14}{5} \div 3\dfrac{1}{2} =$ ☐ — A

16 $\dfrac{28}{9} \div 2\dfrac{1}{3} =$ ☐ — R

17 $\dfrac{8}{7} \div 2\dfrac{2}{5} =$ ☐ — R

18 $\dfrac{13}{9} \div 1\dfrac{5}{8} =$ ☐ — R

계산 결과에 해당하는 알파벳을 써넣어 만든 영어 단어의 뜻은 무엇일까요?

$1\dfrac{1}{7}$	$\dfrac{9}{10}$	$1\dfrac{1}{3}$	$\dfrac{4}{5}$	2	$1\dfrac{1}{15}$	$\dfrac{17}{21}$	$\dfrac{8}{9}$	$\dfrac{10}{21}$	$2\dfrac{1}{4}$

(대분수) ÷ (대분수)

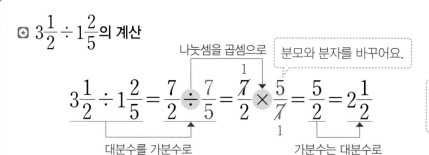

☺ $3\frac{1}{2} \div 1\frac{2}{5}$ 의 계산

나눗셈을 곱셈으로

분모와 분자를 바꾸어요.

$$3\frac{1}{2} \div 1\frac{2}{5} = \frac{7}{2} \div \frac{7}{5} = \frac{7}{2} \times \frac{5}{7} = \frac{5}{2} = 2\frac{1}{2}$$

대분수를 가분수로   가분수는 대분수로

계산 중간에 약분하면
더 간단히 나타낼 수 있어요.

❈ 계산을 하여 기약분수로 나타내시오. (단, 계산 결과가 가분수이면 대분수로 나타냅니다.)

1 $1\frac{2}{3} \div 1\frac{1}{5} = \frac{5}{3} \div \frac{6}{5} = \frac{5}{3} \times \frac{\boxed{}}{6} = \frac{\boxed{}}{18} = \boxed{}$

2 $5\frac{1}{4} \div 1\frac{1}{6} = \frac{21}{4} \div \frac{\boxed{}}{6} = \frac{21}{4} \times \frac{6}{\boxed{}} = \frac{\boxed{}}{2} = \boxed{}$

3 $1\frac{2}{7} \div 1\frac{3}{8}$

4 $7\frac{1}{2} \div 8\frac{1}{3}$

5 $2\frac{4}{5} \div 1\frac{1}{2}$

6 $1\frac{3}{8} \div 2\frac{3}{4}$

7 $3\frac{5}{9} \div 4\frac{2}{3}$

8 $6\frac{1}{9} \div 1\frac{8}{27}$

✿ 주환이와 친구들이 걸은 거리와 걸린 시간을 말한 것입니다. 한 시간 동안 걸은 거리를 구하시오. (단, 계산 결과가 가분수이면 대분수로 나타냅니다.)

9

$1\frac{1}{3}$ km를 가는 데 $1\frac{1}{4}$시간 걸렸어.

주환

➡ $1\frac{1}{3} \div 1\frac{1}{4} = \boxed{}$ (km)

└→ 걸은 거리를 걸린 시간으로 나누면
한 시간 동안 걸은 거리를 구할 수 있어요.

10

$1\frac{5}{7}$ km를 가는 데 $1\frac{1}{2}$시간 걸렸어.

소현

➡ $1\frac{5}{7} \div 1\frac{1}{2} = \boxed{}$ (km)

11

$1\frac{3}{4}$ km를 가는 데 $1\frac{1}{8}$시간 걸렸어.

지예

➡ $1\frac{3}{4} \div \boxed{} = \boxed{}$ (km)

12

$2\frac{4}{5}$ km를 가는 데 $2\frac{2}{3}$시간 걸렸어.

강준

➡ $2\frac{4}{5} \div \boxed{} = \boxed{}$ (km)

13

$3\frac{3}{8}$ km를 가는 데 $2\frac{2}{5}$시간 걸렸어.

해진

➡ _____ (km)

14

$1\frac{8}{9}$ km를 가는 데 $2\frac{1}{3}$시간 걸렸어.

민지

➡ _____ (km)

15

$2\frac{1}{2}$ km를 가는 데 $1\frac{3}{4}$시간 걸렸어.

인아

➡ _____ (km)

16

$3\frac{1}{9}$ km를 가는 데 $2\frac{1}{3}$시간 걸렸어.

수호

➡ _____ (km)

한 시간 동안 걸은 거리가 가장 짧은 사람은 _____ 예(이에)요.

가분수 또는 대분수가 있는 나눗셈

◎ $\dfrac{6}{5} \div \dfrac{4}{3}$ 의 계산

$$\dfrac{6}{5} \div \dfrac{4}{3} = \dfrac{6}{5} \times \dfrac{3}{\cancel{4}_2}^{3} = \dfrac{9}{10}$$

나눗셈을 곱셈으로

나누는 수의 분모와
분자를 바꿔서 곱해요.

◎ $1\dfrac{2}{3} \div 2\dfrac{1}{2}$ 의 계산

나눗셈을 곱셈으로

$$1\dfrac{2}{3} \div 2\dfrac{1}{2} = \dfrac{5}{3} \div \dfrac{5}{2} = \dfrac{\cancel{5}^1}{3} \times \dfrac{2}{\cancel{5}_1} = \dfrac{2}{3}$$

대분수를 가분수로

대분수는 잊지 말고 가분수로
바꾸어 계산해야 해요.

✣ 계산을 하여 기약분수로 나타내시오. (단, 계산 결과가 가분수이면 대분수로 나타냅니다.)

1 $\dfrac{8}{3} \div \dfrac{12}{7}$

2 $\dfrac{33}{4} \div \dfrac{11}{9}$

3 $2\dfrac{6}{7} \div \dfrac{5}{9}$

4 $5\dfrac{1}{2} \div \dfrac{3}{8}$

5 $\dfrac{3}{4} \div 4\dfrac{1}{5}$

6 $\dfrac{7}{12} \div 3\dfrac{1}{4}$

7 $3\dfrac{1}{3} \div \dfrac{14}{5}$

8 $\dfrac{8}{5} \div 1\dfrac{1}{7}$

9 $1\dfrac{1}{6} \div 1\dfrac{1}{20}$

10 $1\dfrac{1}{9} \div 4\dfrac{1}{6}$

✿ 계산 결과가 더 작은 식의 글자에 ◯표 하시오.

11

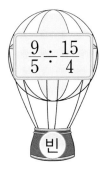

$\dfrac{9}{5} \div \dfrac{15}{4}$

빈

$\dfrac{8}{7} \div \dfrac{4}{3}$

파

12

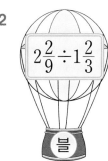

$2\dfrac{2}{9} \div 1\dfrac{2}{3}$

블

$1\dfrac{2}{5} \div 1\dfrac{1}{6}$

센

13

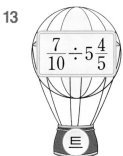

$\dfrac{7}{10} \div 5\dfrac{4}{5}$

트

$\dfrac{24}{7} \div \dfrac{10}{3}$

로

14

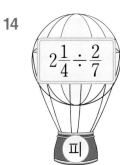

$2\dfrac{1}{4} \div \dfrac{2}{7}$

피

$\dfrac{2}{3} \div 1\dfrac{1}{9}$

반

15

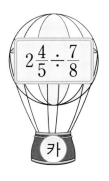

$2\dfrac{4}{5} \div \dfrac{7}{8}$

카

$2\dfrac{1}{2} \div \dfrac{7}{6}$

고

16

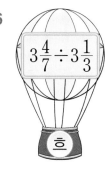

$3\dfrac{4}{7} \div 3\dfrac{1}{3}$

흐

$3\dfrac{1}{7} \div \dfrac{11}{14}$

소

◯표 한 글자를 문제 순서대로 써넣으면
위대한 화가의 이름이 돼요.

네덜란드의 후기 인상주의 화가로
'해바라기', '별이 빛나는 밤',
'자화상' 등을 그렸어요.

✿ 보기 와 같이 계산을 하여 빈 곳에 알맞은 기약분수를 써넣으시오. (단, 계산 결과가 가분수이면 대분수로 나타냅니다.)

보기

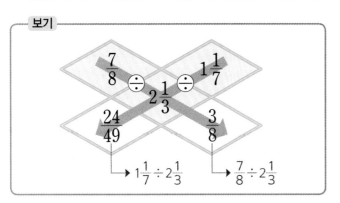

$$\rightarrow 1\frac{1}{7} \div 2\frac{1}{3} \qquad \rightarrow \frac{7}{8} \div 2\frac{1}{3}$$

1

$$\frac{16}{15} \div \frac{14}{9} \div \frac{7}{3}$$

2

$$3\frac{1}{8} \div \frac{5}{6} \div 4\frac{2}{3}$$

3

$$\frac{3}{4} \div 1\frac{1}{14} \div \frac{5}{8}$$

4

$$1\frac{1}{7} \div \frac{10}{9} \div 1\frac{3}{5}$$

5

$$1\frac{1}{4} \div \frac{7}{6} \div 2\frac{1}{3}$$

6

$$1\frac{1}{5} \div 2\frac{1}{2} \div \frac{15}{11}$$

7

$$\frac{21}{20} \div 1\frac{1}{8} \div 2\frac{1}{4}$$

✿ 계산을 하여 빈 곳에 알맞은 기약분수를 써넣으시오. (단, 계산 결과가 가분수이면 대분수로 나타냅니다.)

8

 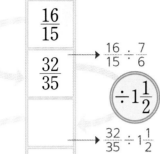

$$\frac{16}{15} \div \frac{7}{6}$$

$$\frac{32}{35} \div 1\frac{1}{2}$$

9

$$\frac{21}{8}$$

$$\div \frac{12}{11}$$

$$\div 1\frac{1}{2}$$

$$\div \frac{7}{8}$$

10

$$1\frac{1}{3}$$

$$\div \frac{4}{7}$$

$$\div 1\frac{7}{8}$$

$$\div 1\frac{2}{5}$$

11

$$\frac{5}{6}$$

$$\div 1\frac{3}{7}$$

$$\div 2\frac{3}{4}$$

$$\div 2\frac{4}{5}$$

12

$$3\frac{3}{5}$$

$$\div \frac{21}{8}$$

$$\div \frac{3}{5}$$

$$\div 1\frac{5}{7}$$

13

$$\frac{15}{7}$$

$$\div 3\frac{3}{5}$$

$$\div 4\frac{1}{6}$$

$$\div \frac{9}{7}$$

✿ 계산을 하여 기약분수로 나타내시오. (단, 계산 결과가 가분수이면 대분수로 나타냅니다.)

1 $\dfrac{11}{4} \div \dfrac{8}{5}$

2 $\dfrac{28}{25} \div \dfrac{16}{15}$

3 $\dfrac{8}{5} \div \dfrac{10}{9}$

4 $\dfrac{13}{12} \div \dfrac{19}{16}$

5 $\dfrac{11}{10} \div \dfrac{22}{5}$

6 $\dfrac{25}{18} \div \dfrac{20}{9}$

7 $4\dfrac{1}{5} \div \dfrac{1}{2}$

8 $3\dfrac{3}{4} \div \dfrac{5}{7}$

9 $2\dfrac{4}{5} \div \dfrac{2}{3}$

10 $5\dfrac{5}{8} \div \dfrac{3}{4}$

11 $\dfrac{3}{4} \div 2\dfrac{5}{8}$

12 $\dfrac{7}{9} \div 2\dfrac{6}{11}$

13 $\dfrac{12}{13} \div 2\dfrac{5}{8}$

14 $\dfrac{2}{3} \div 1\dfrac{4}{9}$

15　$2\dfrac{2}{3} \div \dfrac{9}{8}$

16　$4\dfrac{1}{6} \div \dfrac{25}{18}$

17　$2\dfrac{8}{9} \div \dfrac{13}{5}$

18　$3\dfrac{3}{4} \div \dfrac{15}{11}$

19　$\dfrac{10}{9} \div 2\dfrac{1}{7}$

20　$\dfrac{21}{16} \div 2\dfrac{1}{3}$

21　$\dfrac{9}{5} \div 2\dfrac{7}{10}$

22　$\dfrac{10}{3} \div 2\dfrac{1}{4}$

23　$1\dfrac{1}{8} \div 1\dfrac{1}{14}$

24　$3\dfrac{2}{5} \div 4\dfrac{1}{4}$

25　$1\dfrac{1}{6} \div 1\dfrac{1}{3}$

26　$2\dfrac{5}{8} \div 3\dfrac{1}{2}$

27　$9\dfrac{1}{3} \div 3\dfrac{1}{2}$

28　$4\dfrac{2}{3} \div 8\dfrac{2}{9}$

3 분수 나눗셈의 혼합 계산

글쎄, 쉽게 이야기할까?

흠… 그럼 어떡하죠?

저 꼬마들을 따라가 보는 게 어떨까?

그럴까요?

일단 가기 전에 그 기계 좀 꺼. 고장 난 거 같아.

잠깐만요.

헉!! 끄는데도 암호가 필요하네요.

분수의 나눗셈이네.

$$3\frac{1}{3} \div 2\frac{1}{2} \div \frac{5}{9}$$

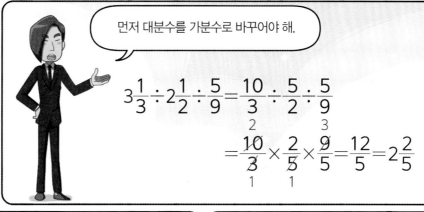

먼저 대분수를 가분수로 바꾸어야 해.

$$3\frac{1}{3} \div 2\frac{1}{2} \div \frac{5}{9} = \frac{10}{3} \div \frac{5}{2} \div \frac{5}{9}$$

$$= \frac{10}{3} \times \frac{2}{5} \times \frac{9}{5} = \frac{12}{5} = 2\frac{2}{5}$$

오호~ 기계가 이렇게 작아졌어요!

자! 이제 그 녀석들을 쫓아가자!

네! 선배!

엇, 모두 사라졌네! 어디로 갔지?

거기잖아요.

폐광박물관!

학습 내용

- (분수)÷(분수)÷(분수)
- 분수와 자연수가 섞여 있는 나눗셈
- 괄호가 없는 분수 나눗셈의 혼합 계산
- 괄호가 있는 분수 나눗셈의 혼합 계산

(분수) ÷ (분수) ÷ (분수)

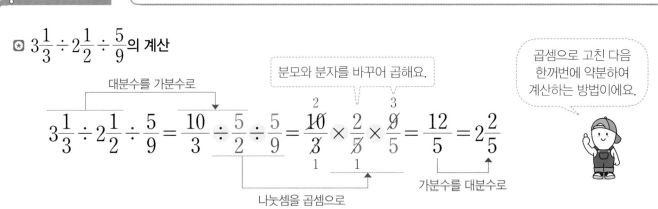

◎ $3\frac{1}{3} \div 2\frac{1}{2} \div \frac{5}{9}$ 의 계산

대분수를 가분수로

분모와 분자를 바꾸어 곱해요.

$$3\frac{1}{3} \div 2\frac{1}{2} \div \frac{5}{9} = \frac{10}{3} \div \frac{5}{2} \div \frac{5}{9} = \frac{\overset{2}{10}}{\underset{1}{3}} \times \frac{2}{\underset{1}{5}} \times \frac{\overset{3}{9}}{5} = \frac{12}{5} = 2\frac{2}{5}$$

나눗셈을 곱셈으로

가분수를 대분수로

곱셈으로 고친 다음 한꺼번에 약분하여 계산하는 방법이에요.

❊ 계산을 하여 기약분수로 나타내시오. (단, 계산 결과가 가분수이면 대분수로 나타냅니다.)

1 $1\frac{2}{3} \div \frac{5}{4} \div 2\frac{1}{3} = \frac{5}{3} \div \frac{5}{4} \div \frac{7}{3} = \frac{5}{3} \times \frac{\square}{\square} \times \frac{\square}{\square} = \frac{\square}{\square}$

2 $\frac{3}{8} \div 1\frac{1}{2} \div 1\frac{5}{6} = \frac{3}{8} \div \frac{\square}{2} \div \frac{\square}{6} = \frac{3}{8} \times \frac{2}{\square} \times \frac{\square}{\square} = \frac{\square}{\square}$

3 $1\frac{1}{4} \div 2\frac{1}{7} \div \frac{4}{5}$

4 $9\frac{1}{6} \div 1\frac{4}{11} \div 1\frac{1}{2}$

5 $2\frac{2}{5} \div 2\frac{1}{7} \div \frac{8}{9}$

6 $3\frac{1}{3} \div 2\frac{1}{4} \div 1\frac{1}{9}$

7 $\frac{3}{4} \div 2\frac{2}{3} \div 1\frac{1}{9}$

8 $\frac{5}{8} \div 1\frac{5}{9} \div 2\frac{1}{2}$

❄ 계산을 하여 기약분수로 나타내시오. (단, 계산 결과가 가분수이면 대분수로 나타냅니다.)

9　$\dfrac{2}{9} \div \dfrac{6}{7} \div 2\dfrac{1}{3} =$ 　　　 류

10　$1\dfrac{7}{8} \div 1\dfrac{1}{2} \div 3\dfrac{1}{5} =$ 　　　 하

11　$\dfrac{9}{10} \div 1\dfrac{1}{2} \div \dfrac{5}{8} =$ 　　　 가

12　$4\dfrac{1}{6} \div 3\dfrac{3}{4} \div 2\dfrac{1}{7} =$ 　　　 싫

13　$\dfrac{5}{7} \div 1\dfrac{1}{4} \div 2\dfrac{1}{2} =$ 　　　 면

14　$3\dfrac{2}{3} \div 2\dfrac{3}{4} \div 1\dfrac{1}{6} =$ 　　　 어

15　$1\dfrac{3}{4} \div \dfrac{7}{9} \div 3\dfrac{1}{3} =$ 　　　 산

16　$2\dfrac{4}{7} \div 4\dfrac{1}{5} \div 1\dfrac{2}{3} =$ 　　　 종

17　$4\dfrac{4}{9} \div 5\dfrac{1}{3} \div \dfrac{5}{6} =$ 　　　 는

18　$2\dfrac{3}{4} \div 1\dfrac{2}{9} \div 1\dfrac{7}{8} =$ 　　　 타

계산 결과에 해당하는 글자를 빈칸에 써넣어
만든 수수께끼의 답은 무엇일까요?

수수께끼

$\dfrac{27}{40}$	$1\dfrac{1}{5}$	$\dfrac{24}{25}$	$\dfrac{14}{27}$	$1\dfrac{1}{7}$	$\dfrac{25}{64}$	1	$\dfrac{8}{35}$	$\dfrac{18}{49}$	$\dfrac{1}{9}$

분수와 자연수가 섞여 있는 나눗셈

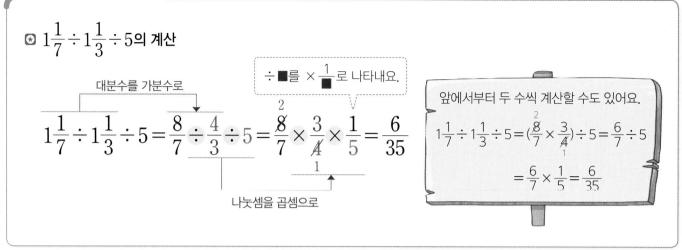

☀ **계산을 하여 기약분수로 나타내시오.**

1 $1\dfrac{3}{4} \div 1\dfrac{1}{2} \div 8 = \dfrac{7}{4} \div \dfrac{\boxed{}}{2} \div 8 = \dfrac{7}{4} \times \dfrac{2}{\boxed{}} \times \dfrac{1}{\boxed{}} = \boxed{}$

2 $2\dfrac{2}{5} \div \dfrac{8}{9} \div 3 = \dfrac{\boxed{}}{5} \div \dfrac{8}{9} \div 3 = \dfrac{\boxed{}}{5} \times \dfrac{\boxed{}}{8} \times \dfrac{1}{\boxed{}} = \boxed{}$

3 $4\dfrac{4}{7} \div 8 \div 1\dfrac{1}{6}$

4 $3\dfrac{3}{5} \div 2\dfrac{5}{8} \div 4$

5 $2\dfrac{5}{14} \div 1\dfrac{4}{21} \div 11$

6 $4\dfrac{1}{2} \div 5\dfrac{1}{4} \div 6$

7 $12 \div 1\dfrac{1}{3} \div \dfrac{9}{10}$

8 $10 \div 6\dfrac{1}{4} \div 3\dfrac{1}{5}$

9 정환이가 가방에서 한 가지 물건을 꺼냈습니다. 나눗셈식의 계산 결과가 맞으면 ⬇ 방향으로, 틀리면 ➡ 방향으로 가서 정환이가 가방에서 꺼낸 물건은 무엇인지 알아보시오.

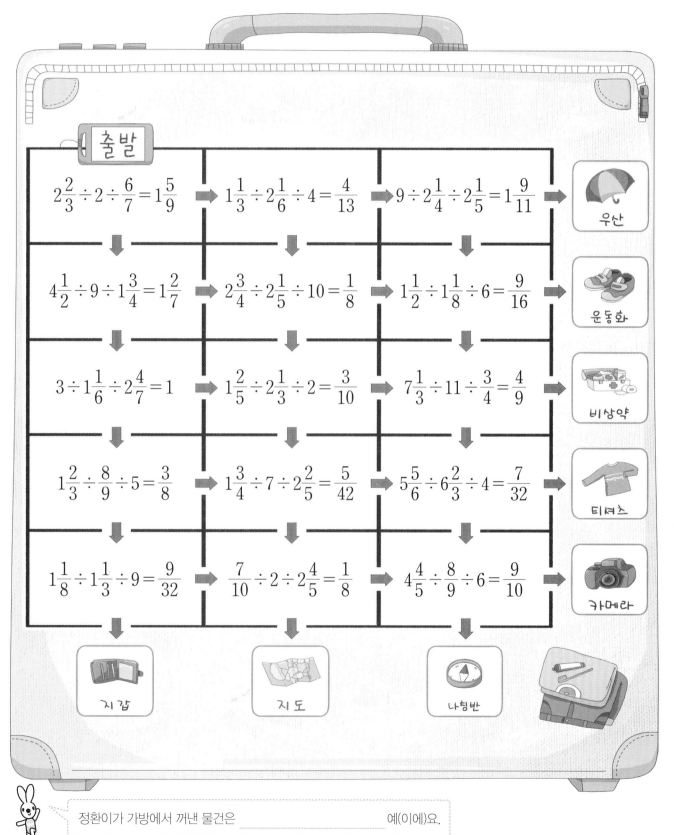

정환이가 가방에서 꺼낸 물건은 _____ 예(이에)요.

☆ $\dfrac{3}{4}+2\dfrac{2}{3}\div1\dfrac{1}{9}$ 의 계산 — 덧셈과 나눗셈이 섞여 있는 식의 계산

$$\dfrac{3}{4}+2\dfrac{2}{3}\div1\dfrac{1}{9}=\dfrac{3}{4}+\dfrac{8}{3}\div\dfrac{10}{9}=\dfrac{3}{4}+\dfrac{\overset{4}{\cancel{8}}}{\underset{1}{\cancel{3}}}\times\dfrac{\overset{3}{\cancel{9}}}{\underset{5}{\cancel{10}}}\quad\rightarrow\text{나눗셈을 계산}$$

①
②

$$=\dfrac{3}{4}+\dfrac{12}{5}=\dfrac{3}{4}+2\dfrac{2}{5}=\dfrac{15}{20}+2\dfrac{8}{20}\quad\rightarrow\text{덧셈을 계산}$$

$$=2+1\dfrac{3}{20}=3\dfrac{3}{20}$$

+, ÷이 섞여 있는
식의 계산은 ÷을
먼저 계산해요.

❁ 계산을 하여 기약분수로 나타내시오. (단, 계산 결과가 가분수이면 대분수로 나타냅니다.)

1 $\dfrac{1}{2}+1\dfrac{1}{3}\div1\dfrac{1}{5}=\dfrac{1}{2}+\dfrac{4}{3}\div\dfrac{\boxed{}}{5}=\dfrac{1}{2}+\dfrac{4}{3}\times\dfrac{5}{\boxed{}}=\dfrac{1}{2}+\dfrac{\boxed{}}{9}$

$=\dfrac{1}{2}+1\dfrac{\boxed{}}{9}=\dfrac{\boxed{}}{18}+1\dfrac{\boxed{}}{18}=\boxed{}$

2 $2\dfrac{5}{6}+2\dfrac{1}{4}\div1\dfrac{2}{7}$

3 $3\dfrac{3}{14}\div1\dfrac{4}{21}+2\dfrac{4}{15}$

4 $1\dfrac{3}{7}+1\dfrac{5}{21}\div4\dfrac{2}{3}$

5 $1\dfrac{1}{2}\div\dfrac{3}{4}+1\dfrac{5}{8}$

6 $1\dfrac{2}{3}+5\dfrac{5}{8}\div2\dfrac{1}{12}$

7 $3\dfrac{4}{7}\div2\dfrac{3}{11}+2\dfrac{2}{3}$

❋ 계산을 하여 기약분수로 나타내시오. (단, 계산 결과가 가분수이면 대분수로 나타냅니다.)

8 마
$$\frac{1}{2}+1\frac{2}{3}\div1\frac{1}{4}$$

9 일
$$\frac{7}{10}\div2\frac{4}{5}+\frac{2}{3}$$

10 쟁
$$1\frac{1}{2}+2\frac{1}{5}\div1\frac{2}{9}$$

11 사
$$1\frac{5}{6}\div3\frac{1}{7}+1\frac{3}{8}$$

12 곱
$$\frac{3}{4}+5\frac{5}{6}\div\frac{7}{8}$$

13 녀
$$\frac{4}{5}\div1\frac{1}{7}+\frac{3}{4}$$

14 과
$$1\frac{1}{3}+1\frac{5}{9}\div3\frac{1}{2}$$

15 난
$$3\frac{3}{7}\div4\frac{4}{5}+\frac{3}{14}$$

16 이
$$\frac{1}{2}+1\frac{2}{5}\div2\frac{1}{3}$$

계산 결과에 해당하는 글자를
써넣어 만든 단어를 보고
연상되는 것을 알아보세요.

연상퀴즈

$1\frac{23}{24}$	$1\frac{7}{9}$	$1\frac{5}{6}$	$1\frac{9}{20}$	$\frac{11}{12}$	$7\frac{5}{12}$	$\frac{13}{14}$	$3\frac{3}{10}$	$1\frac{1}{10}$
		,		,				

괄호가 없는 분수 나눗셈의 혼합 계산 (2)

☀ $1\frac{4}{5} - 1\frac{1}{2} \div 2\frac{1}{4}$ 의 계산 — 뺄셈과 나눗셈이 섞여 있는 식의 계산

$$1\frac{4}{5} - 1\frac{1}{2} \div 2\frac{1}{4} = 1\frac{4}{5} - \frac{3}{2} \div \frac{9}{4} = 1\frac{4}{5} - \frac{\cancel{3}^{1}}{\cancel{2}_{1}} \times \frac{\cancel{4}^{2}}{\cancel{9}_{3}} \rightarrow \text{나눗셈을 계산}$$

$$= 1\frac{4}{5} - \frac{2}{3} = 1\frac{12}{15} - \frac{10}{15} \rightarrow \text{뺄셈을 계산}$$

$$= 1\frac{2}{15}$$

① ②

−, ÷이 섞여 있는 식의 계산은 ÷을 먼저 계산해요.

☀ 계산을 하여 기약분수로 나타내시오. (단, 계산 결과가 가분수이면 대분수로 나타냅니다.)

1 $1\frac{7}{10} - 2\frac{3}{4} \div 2\frac{1}{5} = 1\frac{7}{10} - \frac{11}{4} \div \frac{\boxed{}}{5} = 1\frac{7}{10} - \frac{11}{4} \times \frac{5}{\boxed{}} = 1\frac{7}{10} - \frac{\boxed{}}{4}$

$= 1\frac{7}{10} - 1\frac{\boxed{}}{4} = 1\frac{\boxed{}}{20} - 1\frac{\boxed{}}{20} = \frac{\boxed{}}{20}$

2 $1\frac{1}{3} - \frac{1}{4} \div 1\frac{1}{8}$

3 $1\frac{2}{7} \div 1\frac{1}{5} - \frac{1}{2}$

4 $4\frac{5}{12} - 1\frac{3}{4} \div \frac{7}{9}$

5 $\frac{13}{14} \div 6\frac{1}{2} - \frac{1}{9}$

6 $2\frac{2}{3} - 3\frac{4}{7} \div 2\frac{3}{11}$

7 $2\frac{2}{9} \div 4\frac{1}{6} - \frac{2}{5}$

✿ 계산을 하여 기약분수로 나타내시오. (단, 계산 결과가 가분수이면 대분수로 나타냅니다.)

8　$1\dfrac{1}{2} - 2\dfrac{2}{15} \div 1\dfrac{3}{5}$

9　$1\dfrac{1}{2} \div 1\dfrac{1}{5} - \dfrac{4}{5}$

10　$1\dfrac{2}{3} - \dfrac{1}{4} \div 1\dfrac{1}{8}$

11　$2\dfrac{1}{4} \div 1\dfrac{7}{8} - \dfrac{2}{9}$

12　$1\dfrac{2}{7} - \dfrac{13}{14} \div 2\dfrac{1}{2}$

13　$3\dfrac{3}{8} \div \dfrac{9}{10} - 2\dfrac{1}{6}$

14　$4\dfrac{1}{4} - 4\dfrac{1}{6} \div 1\dfrac{1}{9}$

15　$2\dfrac{2}{9} \div 3\dfrac{1}{3} - \dfrac{1}{3}$

16　$1\dfrac{3}{8} - 1\dfrac{1}{2} \div 1\dfrac{1}{5}$

$\dfrac{1}{2}$	$\dfrac{1}{4}$	$\dfrac{1}{6}$	$\dfrac{1}{9}$
$\dfrac{1}{3}$	$\dfrac{1}{5}$	$\dfrac{1}{8}$	$\dfrac{1}{10}$
$\dfrac{9}{20}$	$\dfrac{32}{35}$	$\dfrac{44}{45}$	$1\dfrac{4}{9}$
$1\dfrac{1}{8}$	$1\dfrac{7}{10}$	$1\dfrac{7}{12}$	$1\dfrac{44}{45}$

계산 결과가 적힌 칸을 색칠하면
숨겨져 있는 숫자

_____ 이(가) 보여요.

괄호가 없는 분수 나눗셈의 혼합 계산 (3)

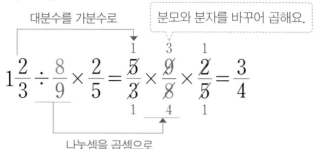

☆ $1\frac{2}{3} \div \frac{8}{9} \times \frac{2}{5}$의 계산 — 곱셈과 나눗셈이 섞여 있는 식의 계산

대분수를 가분수로

분모와 분자를 바꾸어 곱해요.

$$1\frac{2}{3} \div \frac{8}{9} \times \frac{2}{5} = \frac{5}{3} \times \frac{9}{8} \times \frac{2}{5} = \frac{3}{4}$$

나눗셈을 곱셈으로

대분수를 가분수로,
나눗셈을 곱셈으로 바꾼 다음
약분하여 계산해요.

✿ 계산을 하여 기약분수로 나타내시오. (단, 계산 결과가 가분수이면 대분수로 나타냅니다.)

1 $1\frac{4}{5} \div \frac{9}{10} \times 1\frac{5}{8} = \frac{\boxed{}}{5} \times \frac{10}{9} \times \frac{\boxed{}}{8} = \frac{\boxed{}}{4} = \boxed{}$

2 $1\frac{1}{3} \div 2\frac{1}{6} \times 1\frac{5}{8} = \frac{4}{3} \div \frac{\boxed{}}{6} \times \frac{\boxed{}}{8} = \frac{4}{3} \times \frac{6}{\boxed{}} \times \frac{\boxed{}}{8} = \boxed{}$

3 $\frac{9}{10} \times 2\frac{3}{4} \div 2\frac{1}{5}$

4 $2\frac{1}{4} \times 1\frac{5}{9} \div 4\frac{2}{3}$

5 $2\frac{1}{7} \div \frac{20}{21} \times 1\frac{5}{9}$

6 $2\frac{7}{9} \div 1\frac{7}{8} \times \frac{9}{14}$

7 $2\frac{2}{3} \times 3\frac{4}{7} \div 2\frac{3}{11}$

8 $1\frac{1}{3} \times 2\frac{2}{9} \div 3\frac{1}{3}$

9 사다리 타기를 하여 만든 식을 계산하여 화분의 빈 곳에 기약분수를 써넣으시오. (단, 계산 결과가 가분수이면 대분수로 나타냅니다.)

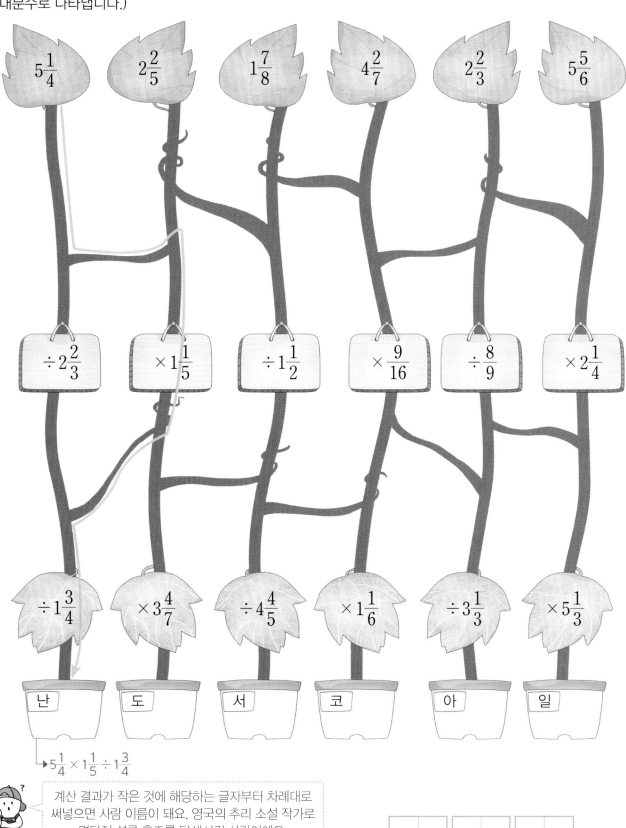

$5\frac{1}{4}$ $2\frac{2}{5}$ $1\frac{7}{8}$ $4\frac{2}{7}$ $2\frac{2}{3}$ $5\frac{5}{6}$

$\div 2\frac{2}{3}$ $\times 1\frac{1}{5}$ $\div 1\frac{1}{2}$ $\times \frac{9}{16}$ $\div \frac{8}{9}$ $\times 2\frac{1}{4}$

$\div 1\frac{3}{4}$ $\times 3\frac{4}{7}$ $\div 4\frac{4}{5}$ $\times 1\frac{1}{6}$ $\div 3\frac{1}{3}$ $\times 5\frac{1}{3}$

난 도 서 코 아 일

$\rightarrow 5\frac{1}{4} \times 1\frac{1}{5} \div 1\frac{3}{4}$

계산 결과가 작은 것에 해당하는 글자부터 차례대로 써넣으면 사람 이름이 돼요. 영국의 추리 소설 작가로 명탐정 셜록 홈즈를 탄생시킨 사람이에요.

괄호가 있는 분수 나눗셈의 혼합 계산 (1)

☀ $2\dfrac{2}{3} \div \left(\dfrac{3}{4} + \dfrac{5}{12}\right)$의 계산 — 괄호 안에 덧셈 또는 뺄셈이 있는 식의 계산

분수를 통분하여 분자끼리 더해요.

$$2\dfrac{2}{3} \div \left(\dfrac{3}{4} + \dfrac{5}{12}\right) = 2\dfrac{2}{3} \div \left(\dfrac{9}{12} + \dfrac{5}{12}\right) = \dfrac{8}{3} \div \dfrac{14}{12}$$

① ②

$$= \dfrac{\overset{4}{\cancel{8}}}{\underset{1}{\cancel{3}}} \times \dfrac{\overset{4}{\cancel{12}}}{\underset{7}{\cancel{14}}} = \dfrac{16}{7} = 2\dfrac{2}{7}$$

분모와 분자를 바꾸어 곱해요.

괄호 안의 식을 먼저 계산하고 앞에서부터 차례대로 계산해요.

☀ 계산을 하여 기약분수로 나타내시오. (단, 계산 결과가 가분수이면 대분수로 나타냅니다.)

1 $\quad 3\dfrac{2}{3} \div \left(1\dfrac{3}{4} - \dfrac{3}{8}\right) = 3\dfrac{2}{3} \div \left(1\dfrac{\square}{8} - \dfrac{3}{8}\right) = 3\dfrac{2}{3} \div 1\dfrac{\square}{8} = \dfrac{11}{3} \div \dfrac{\square}{8}$

$$= \dfrac{11}{3} \times \dfrac{8}{\square} = \dfrac{\square}{3} = \boxed{}$$

2 $\left(\dfrac{3}{4} + 1\dfrac{1}{6}\right) \div 2\dfrac{5}{9}$

3 $\left(2\dfrac{1}{6} - 1\dfrac{1}{4}\right) \div 1\dfrac{4}{7}$

4 $\left(1\dfrac{1}{3} + 2\dfrac{1}{6}\right) \div 1\dfrac{2}{5}$

5 $\left(3\dfrac{1}{4} - 1\dfrac{1}{6}\right) \div 2\dfrac{1}{2}$

6 $2\dfrac{1}{4} \div \left(\dfrac{3}{10} + 1\dfrac{1}{5}\right)$

7 $1\dfrac{3}{25} \div \left(\dfrac{8}{15} - \dfrac{2}{9}\right)$

✿ 계산을 하여 기약분수로 나타내시오. (단, 계산 결과가 가분수이면 대분수로 나타냅니다.)

8 $4\dfrac{1}{2} \div \left(\dfrac{3}{8} + 1\dfrac{1}{4}\right)$

9 $3\dfrac{1}{5} \div \left(\dfrac{8}{9} - \dfrac{8}{15}\right)$

10 $5\dfrac{2}{7} \div \left(1\dfrac{1}{6} + \dfrac{3}{8}\right)$

11 $2\dfrac{1}{5} \div \left(3\dfrac{1}{2} - 1\dfrac{2}{3}\right)$

12 $3\dfrac{3}{4} \div \left(\dfrac{3}{11} + 1\dfrac{5}{22}\right)$

13 $\left(1\dfrac{1}{5} - \dfrac{7}{10}\right) \div 1\dfrac{1}{24}$

14 $\left(\dfrac{3}{4} + 1\dfrac{1}{6}\right) \div 2\dfrac{5}{9}$

15 $\left(2\dfrac{9}{10} - 1\dfrac{3}{5}\right) \div 4\dfrac{7}{8}$

16 $\left(1\dfrac{1}{4} + 1\dfrac{1}{6}\right) \div 4\dfrac{1}{7}$

17 $\left(2\dfrac{2}{9} - 1\dfrac{2}{3}\right) \div 1\dfrac{1}{4}$

계산 결과가 적힌 칸을 ×표 하고
남은 글자를 조합하면 금고에
보관 중인 물건을 알 수 있어요.

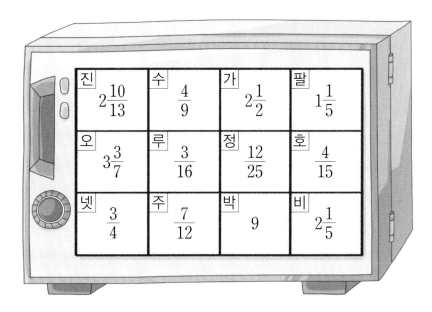

진 $2\dfrac{10}{13}$	수 $\dfrac{4}{9}$	가 $2\dfrac{1}{2}$	팔 $1\dfrac{1}{5}$
오 $3\dfrac{3}{7}$	루 $\dfrac{3}{16}$	정 $\dfrac{12}{25}$	호 $\dfrac{4}{15}$
넷 $\dfrac{3}{4}$	주 $\dfrac{7}{12}$	박 9	비 $2\dfrac{1}{5}$

괄호가 있는 분수 나눗셈의 혼합 계산 (2)

☑ $1\dfrac{3}{5} \div \left(2\dfrac{4}{5} \times \dfrac{2}{7} \right)$**의 계산** — 괄호 안에 곱셈 또는 나눗셈이 있는 식의 계산

$$1\dfrac{3}{5} \div \left(2\dfrac{4}{5} \times \dfrac{2}{7} \right) = 1\dfrac{3}{5} \div \left(\dfrac{\overset{}{14}}{5} \times \dfrac{2}{\underset{1}{7}}^{2} \right)$$

$$= 1\dfrac{3}{5} \div \dfrac{4}{5}$$

$$= \dfrac{\overset{2}{8}}{\underset{1}{5}} \times \dfrac{\overset{1}{5}}{\underset{1}{4}} = 2$$

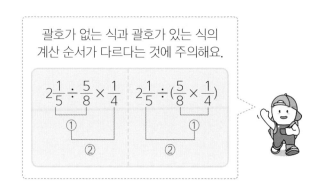

괄호가 없는 식과 괄호가 있는 식의
계산 순서가 다르다는 것에 주의해요.

※ 계산을 하여 기약분수로 나타내시오. (단, 계산 결과가 가분수이면 대분수로 나타냅니다.)

1 $\quad 3\dfrac{3}{10} \div \left(2\dfrac{1}{4} \times 3\dfrac{1}{3} \right) = 3\dfrac{3}{10} \div \left(\dfrac{9}{4} \times \dfrac{\boxed{}}{3} \right) = 3\dfrac{3}{10} \div \dfrac{\boxed{}}{2} = \dfrac{\boxed{}}{10} \times \dfrac{2}{\boxed{}} = \boxed{}$

2 $\quad 1\dfrac{1}{4} \div \left(1\dfrac{6}{7} \times \dfrac{10}{13} \right)$

3 $\quad 3\dfrac{1}{5} \div \left(\dfrac{8}{9} \times 1\dfrac{7}{8} \right)$

4 $\quad 1\dfrac{4}{5} \div \left(\dfrac{3}{7} \times 4\dfrac{2}{3} \right)$

5 $\quad 5\dfrac{5}{6} \div \left(2\dfrac{1}{4} \div 1\dfrac{1}{5} \right)$

6 $\quad 3\dfrac{1}{5} \div \left(5\dfrac{1}{3} \div 3\dfrac{1}{7} \right)$

7 $\quad 1\dfrac{1}{6} \div \left(1\dfrac{1}{11} \div 1\dfrac{5}{7} \right)$

※ 계산을 하여 기약분수로 나타내시오. (단, 계산 결과가 가분수이면 대분수로 나타냅니다.)

8 $2\frac{2}{3} \div \left(1\frac{5}{7} \times \frac{7}{9}\right) = $ ☐ T

9 $3\frac{3}{10} \div \left(2\frac{1}{4} \times 3\frac{1}{3}\right) = $ ☐ V

10 $1\frac{5}{9} \div \left(\frac{7}{10} \div 1\frac{4}{5}\right) = $ ☐ S

11 $1\frac{1}{7} \div \left(1\frac{1}{15} \times 2\frac{1}{4}\right) = $ ☐ A

12 $2\frac{1}{3} \div \left(1\frac{1}{4} \times 2\frac{2}{3}\right) = $ ☐ E

13 $\frac{3}{7} \div \left(\frac{8}{15} \times \frac{5}{14}\right) = $ ☐ R

14 $1\frac{7}{8} \div \left(3\frac{1}{2} \div 2\frac{1}{3}\right) = $ ☐ A

15 $3\frac{1}{5} \div \left(\frac{8}{9} \div \frac{8}{15}\right) = $ ☐ L

16 $\frac{9}{16} \div \left(1\frac{5}{8} \div 2\frac{3}{5}\right) = $ ☐ E

① ② ③

계산 결과에 해당하는 알파벳을 써넣어 만든
영어 단어와 연관된 사진은 몇 번일까요?

2	$2\frac{1}{4}$	$1\frac{1}{4}$	$\frac{11}{25}$	$\frac{7}{10}$	$1\frac{23}{25}$	4	$\frac{9}{10}$	$\frac{10}{21}$

　　　　　　　　　　　　　　　　　　　　　　,

❊ 계산을 하여 빈칸에 알맞은 기약분수를 써넣으시오. (단, 계산 결과가 가분수이면 대분수로 나타냅니다.)

1

$1\frac{1}{2}$ → $\div 1\frac{1}{8}$ → $\div 2\frac{1}{4}$ → $\boxed{\dfrac{16}{27}}$

 ↳ $1\frac{1}{2} \div 1\frac{1}{8} \div 2\frac{1}{4}$

$\div 1\frac{1}{3}$ → $\div 1\frac{3}{5}$ → $\boxed{}$

↳ $1\frac{1}{2} \div 1\frac{1}{3} \div 1\frac{3}{5}$

2

$1\frac{5}{9}$ → $\div 1\frac{1}{2}$ → $\div 1\frac{1}{6}$ → $\boxed{}$

$\div 2\frac{1}{3}$ → $\div \frac{3}{8}$ → $\boxed{}$

3

$4\frac{4}{5}$ → $\div 1\frac{1}{5}$ → $\div 6\frac{2}{3}$ → $\boxed{}$

$\div 2\frac{1}{7}$ → $\div 6\frac{2}{9}$ → $\boxed{}$

4

$\frac{3}{8}$ → $\div 1\frac{1}{2}$ → $\div 3\frac{3}{4}$ → $\boxed{}$

$\div 1\frac{5}{7}$ → $\div 2\frac{1}{4}$ → $\boxed{}$

5

$2\frac{2}{5}$ → $\div \frac{6}{7}$ → $\times \frac{9}{10}$ → $\boxed{}$

$\div 1\frac{1}{6}$ → $\times 1\frac{5}{9}$ → $\boxed{}$

6

$4\frac{2}{3}$ → $\div 1\frac{3}{4}$ → $\times 2\frac{1}{2}$ → $\boxed{}$

$\div 2\frac{1}{7}$ → $\times 1\frac{7}{8}$ → $\boxed{}$

7

$7\frac{1}{6}$ → $\times 3\frac{1}{3}$ → $\div 4\frac{7}{9}$ → $\boxed{}$

$\times 2\frac{1}{4}$ → $\div 5\frac{3}{8}$ → $\boxed{}$

8

$3\frac{4}{5}$ → $\times 2\frac{5}{6}$ → $\div 2\frac{1}{8}$ → $\boxed{}$

$\times 2\frac{2}{3}$ → $\div 3\frac{1}{6}$ → $\boxed{}$

※ 계산을 하여 빈 곳에 알맞은 기약분수를 써넣으시오. (단, 계산 결과가 가분수이면 대분수로 나타냅니다.)

9

$$2\frac{1}{2} - 2\frac{1}{3} \div 1\frac{2}{5} = \boxed{\frac{5}{6}}$$

$$1\frac{3}{4} \div 3\frac{1}{2} + \left(\frac{5}{6}\right) = \boxed{}$$

$$1\frac{5}{8} - \frac{2}{3} \div \bigcirc = \boxed{}$$

10

$$\frac{7}{8} + 1\frac{1}{8} \div 2\frac{1}{4} = \boxed{}$$

$$1\frac{1}{2} - 1\frac{1}{8} \div \bigcirc = \boxed{}$$

$$1\frac{3}{4} + 1\frac{4}{11} \div \bigcirc = \boxed{}$$

11

$$2\frac{1}{5} - 6\frac{1}{9} \div 6\frac{1}{4} = \boxed{}$$

$$2\frac{2}{3} \div 1\frac{3}{5} - \bigcirc = \boxed{}$$

$$1\frac{1}{8} \div \frac{3}{4} - \bigcirc = \boxed{}$$

12

$$\frac{5}{6} + 1\frac{2}{3} \div 6\frac{2}{3} = \boxed{}$$

$$2\frac{1}{4} \div 2\frac{1}{7} + \bigcirc = \boxed{}$$

$$\frac{1}{5} + 3\frac{5}{9} \div \bigcirc = \boxed{}$$

13

$$1\frac{1}{3} + 6\frac{3}{10} \div 3\frac{1}{2} = \boxed{}$$

$$2\frac{1}{4} - 5\frac{7}{8} \div \bigcirc = \boxed{}$$

$$1\frac{2}{7} - \frac{3}{10} \div \bigcirc = \boxed{}$$

14

$$1\frac{1}{4} + 3\frac{3}{4} \div 4\frac{1}{5} = \boxed{}$$

$$\frac{1}{3} + 1\frac{1}{9} \div \bigcirc = \boxed{}$$

$$4\frac{7}{8} - 3\frac{5}{6} \div \bigcirc = \boxed{}$$

✿ 계산을 하여 기약분수로 나타내시오. (단, 계산 결과가 가분수이면 대분수로 나타냅니다.)

1 $2\dfrac{1}{3} \div 1\dfrac{5}{8} \div 5\dfrac{1}{4}$

2 $1\dfrac{1}{8} \div 1\dfrac{2}{3} \div 1\dfrac{3}{5}$

3 $1\dfrac{2}{3} \div 1\dfrac{1}{9} \div 2\dfrac{1}{6}$

4 $\dfrac{3}{8} \div 1\dfrac{1}{2} \div 6$

5 $2\dfrac{3}{4} \div 1\dfrac{4}{5} \div 11$

6 $2\dfrac{3}{4} \div 22 \div 1\dfrac{5}{11}$

7 $1\dfrac{2}{3} \div 1\dfrac{1}{4} + 1\dfrac{1}{2}$

8 $4\dfrac{1}{2} \div 5\dfrac{1}{4} - \dfrac{4}{9}$

9 $1\dfrac{5}{21} + 3\dfrac{1}{5} \div 1\dfrac{5}{7}$

10 $1\dfrac{4}{5} \div \dfrac{4}{15} - 1\dfrac{7}{8}$

11 $2\dfrac{9}{10} - 1\dfrac{1}{2} \div 1\dfrac{4}{5}$

12 $3\dfrac{1}{3} \div 2\dfrac{1}{2} + \dfrac{11}{12}$

13 $1\dfrac{1}{2} \times 1\dfrac{1}{3} \div 2\dfrac{1}{4}$

14 $4\dfrac{4}{5} \div 1\dfrac{1}{5} \times \dfrac{5}{7}$

15 $1\dfrac{1}{3} \div \dfrac{1}{5} \times \dfrac{4}{9}$

16 $1\dfrac{4}{5} \times \dfrac{3}{4} \div 2\dfrac{5}{8}$

17 $4\dfrac{2}{3} \div \left(1\dfrac{1}{6} + 1\dfrac{3}{8}\right)$

18 $2\dfrac{1}{5} \div \left(3\dfrac{1}{2} - 1\dfrac{2}{3}\right)$

19 $3\dfrac{3}{10} \div \left(2\dfrac{1}{4} \times 3\dfrac{1}{3}\right)$

20 $2\dfrac{3}{4} \div \left(1\dfrac{5}{6} \times 2\dfrac{7}{13}\right)$

21 $1\dfrac{3}{5} \div \left(2\dfrac{4}{5} \div 3\dfrac{1}{2}\right)$

22 $2\dfrac{1}{3} \div \left(\dfrac{5}{9} \div 1\dfrac{1}{4}\right)$

23 $\left(\dfrac{3}{4} + 1\dfrac{1}{3}\right) \div 2\dfrac{1}{2}$

24 $\left(1\dfrac{4}{5} - 1\dfrac{1}{2}\right) \div 1\dfrac{1}{3}$

이 암호는?

소수의 나눗셈이야!

소수점을 오른쪽으로 한 자리씩 옮겨서 계산해 보자.

$$
0.7 \overline{)4.2} \qquad 6 \leftarrow \text{몫}
$$
$$
\underline{4\ 2}
$$
$$
0
$$

답을 입력하면!!

띠 띠 띠 띠 띠

와~. 정말 우리와 비슷해졌다!!

그럼 이제 박물관으로 들어가자!!

와! 정말 지구인 같네요!!

아직 놀랄 것 없어! 더 신기한 기술을 가진 녀석이야!!

우리보다 뛰어난 기술을 가진 외계인을 잡을 수 있을까요?

그래서 준비했지!

박물관 직원으로 변신!!

헉! 정말 빠르네요!

학습 내용

- (소수 한 자리 수)÷(소수 한 자리 수)
- (소수 두 자리 수)÷(소수 두 자리 수)
- 자릿수가 같은 소수의 나눗셈
- (소수 두 자리 수)÷(소수 한 자리 수)
- (소수 세 자리 수)÷(소수 두 자리 수)
- 자릿수가 다른 소수의 나눗셈

(소수 한 자리 수)÷(소수 한 자리 수) (1)

◎ 4.2÷0.7의 계산 —세로셈

소수점을 오른쪽으로
한 자리씩 옮겨요.

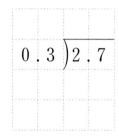

나누는 수와 나누어지는 수의 소수점을 오른쪽으로
한 자리씩 옮기면 자연수의 나눗셈이 돼요.

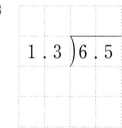

나누는 수 ←   → 나누어지는 수

✿ 계산을 하시오.

1

$0.4\,)\overline{1.6}$

2

$0.3\,)\overline{2.7}$

3

$1.3\,)\overline{6.5}$

4

$2.1\,)\overline{8.4}$

5

$2.7\,)\overline{10.8}$

6

$3.2\,)\overline{19.2}$

7

$0.3\,)\overline{11.4}$

8

$1.2\,)\overline{14.4}$

9

$1.6\,)\overline{17.6}$

✺ 다음은 해영이네 가족이 자동차를 타고 간 길의 구간별 거리와 각 구간에서 1분 동안 간 거리를 나타낸 표입니다.
구간별로 자동차를 타고 가는 데 걸린 시간을 알아보시오.

구간	출발~A	A~B	B~C	C~D	D~E	E~F
거리 (km)	4.9	3.6	9.6	12.6	10.4	23.1
1분 동안 간 거리 (km)	0.7	0.6	1.2	1.4	0.8	1.1

10 출발~A

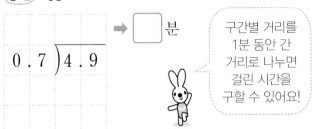

➡ ☐ 분

구간별 거리를 1분 동안 간 거리로 나누면 걸린 시간을 구할 수 있어요!

11 A~B

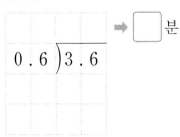

➡ ☐ 분

12 B~C

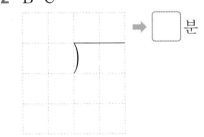

➡ ☐ 분

13 C~D

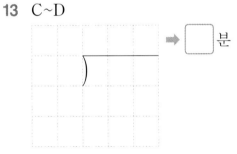

➡ ☐ 분

14 D~E

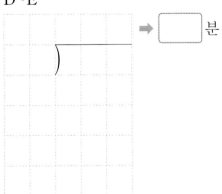

➡ ☐ 분

15 E~F

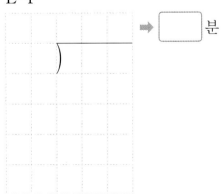

➡ ☐ 분

(소수 한 자리 수)÷(소수 한 자리 수) ⑵

☑ 1.8÷0.2의 계산 ─ 가로셈

자연수의 나눗셈으로

$$1.8 \div 0.2 = \frac{18}{10} \div \frac{2}{10} = \boxed{18 \div 2} = 9$$

소수를 분수로

소수 한 자리 수를 분모가
10인 분수로 바꾸고
분자끼리 나눠요.

❀ 계산을 하시오.

1 $2.4 \div 0.6 = \dfrac{24}{10} \div \dfrac{6}{10}$

$= 24 \div \boxed{} = \boxed{}$

2 $3.6 \div 1.2 = \dfrac{36}{10} \div \dfrac{12}{10}$

$= \boxed{} \div \boxed{} = \boxed{}$

3 $5.6 \div 0.8 = \dfrac{56}{10} \div \dfrac{8}{10}$

$= \boxed{} \div \boxed{} = \boxed{}$

4 $4.2 \div 1.4 = \dfrac{42}{10} \div \dfrac{14}{10}$

$= \boxed{} \div \boxed{} = \boxed{}$

5 $6.3 \div 0.7$

6 $13.5 \div 1.5$

7 $4.5 \div 0.9$

8 $7.2 \div 1.8$

9 $4.8 \div 0.4$

10 $22.4 \div 1.6$

✻ 계산을 하시오.

11
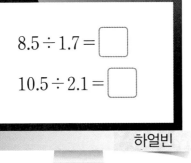
$8.5 \div 1.7 = \boxed{}$

$10.5 \div 2.1 = \boxed{}$

하얼빈

12
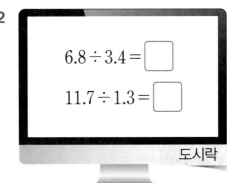
$6.8 \div 3.4 = \boxed{}$

$11.7 \div 1.3 = \boxed{}$

도시락

13
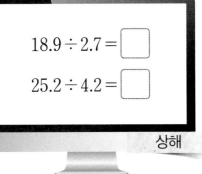
$18.9 \div 2.7 = \boxed{}$

$25.2 \div 4.2 = \boxed{}$

상해

14
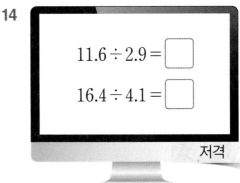
$11.6 \div 2.9 = \boxed{}$

$16.4 \div 4.1 = \boxed{}$

저격

15
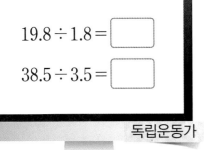
$19.8 \div 1.8 = \boxed{}$

$38.5 \div 3.5 = \boxed{}$

독립운동가

16
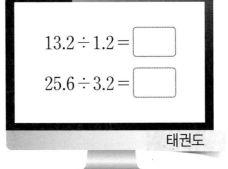
$13.2 \div 1.2 = \boxed{}$

$25.6 \div 3.2 = \boxed{}$

태권도

연상퀴즈

두 식의 계산 결과가 같은 것의 단어에 ○표 해 보세요.
○표 한 단어로 연상되는 사람은 누구일까요?

03 (소수 두 자리 수)÷(소수 두 자리 수) ⑴

✪ 1.26 ÷ 0.42의 계산 ─ 세로셈

소수점을 오른쪽으로
두 자리씩 옮겨요.

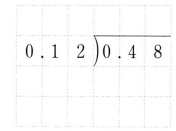

$$\begin{array}{r} 3 \\ 0.42\,)\,\overline{1.26} \\ \underline{1\,2\,6} \\ 0 \end{array}$$ ← 몫

나누는 수 0.42와 나누어지는 수 1.26의
소수점을 오른쪽으로 두 자리씩 옮겨
자연수의 나눗셈 126÷42를 계산해요.

✽ 계산을 하시오.

1

$$0.1\,3\,)\,\overline{0.3\,9}$$

2

$$0.0\,6\,)\,\overline{0.2\,4}$$

3

$$0.1\,2\,)\,\overline{0.4\,8}$$

4

$$0.4\,6\,)\,\overline{3.6\,8}$$

5

$$0.4\,7\,)\,\overline{2.3\,5}$$

6

$$1.5\,6\,)\,\overline{1\,2.4\,8}$$

7

$$0.2\,7\,)\,\overline{3.2\,4}$$

8

$$0.1\,8\,)\,\overline{1.9\,8}$$

9

$$1.1\,4\,)\,\overline{1\,4.8\,2}$$

✿ **계산을 하시오.**

10 문　1.43)11.44

11 천　1.25)8.75

12 관　1.96)25.48

13 기　1.95)21.45

14 상　2.42)29.04

15 측　3.17)44.38

동궁과 월지

불국사

첨성대

계산 결과에 해당하는 식의 글자를
써넣으면 우리 가족이 경주에서
방문한 곳의 힌트가 나와요.
이 곳은 어디일까요?

7	8	11	12	13	14

(소수 두 자리 수)÷(소수 두 자리 수) ⑵

⊕ 1.12÷0.14의 계산 ─가로셈

$$1.12 \div 0.14 = \frac{112}{100} \div \frac{14}{100} = \boxed{112 \div 14} = 8$$

소수를 분수로

자연수의 나눗셈으로

소수 두 자리 수는 분모가
100인 분수로 바꾸어
분자끼리 나눠요.

✿ 계산을 하시오.

1 $1.36 \div 0.17 = \dfrac{136}{100} \div \dfrac{17}{100}$

$ = 136 \div \boxed{} = \boxed{}$

2 $5.65 \div 1.13 = \dfrac{565}{100} \div \dfrac{113}{100}$

$ = \boxed{} \div 113 = \boxed{}$

3 $1.26 \div 0.09 = \dfrac{126}{100} \div \dfrac{\boxed{}}{100}$

$ = \boxed{} \div \boxed{} = \boxed{}$

4 $9.45 \div 1.05 = \dfrac{945}{100} \div \dfrac{\boxed{}}{100}$

$ = \boxed{} \div \boxed{} = \boxed{}$

5 $0.96 \div 0.24$

6 $3.48 \div 1.16$

7 $1.52 \div 0.38$

8 $4.92 \div 1.23$

9 $12.88 \div 0.56$

10 $18.46 \div 1.42$

✿ **계산을 하시오.**

11 $15.12 \div 0.72$

12 $18.92 \div 0.86$

13 $21.39 \div 0.93$

14 $12.65 \div 1.15$

15 $17.16 \div 1.32$

16 $29.96 \div 2.14$

17 $26.01 \div 1.53$

18 $31.16 \div 1.64$

19 $32.25 \div 2.15$

20 $38.56 \div 2.41$

11	12	13
14	15	16
17	18	19
21	22	23

계산 결과가 적힌 칸을
색칠하면 숨겨져 있는

자음자 _____ 을

찾을 수 있어요.

05 자릿수가 같은 소수의 나눗셈

✦ 1.2 ÷ 0.6의 계산

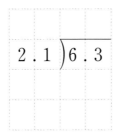

자연수의 나눗셈
으로 바꿔요.
➡ 12 ÷ 6

$$1.2 \div 0.6 = \boxed{\dfrac{12}{10} \div \dfrac{6}{10}}$$

→ 생략할 수 있어요.

$$= 12 \div 6 = 2$$

자연수의 나눗셈으로

나누는 수와 나누어지는
수가 자연수가 되도록
소수점을 오른쪽으로
똑같이 옮겨 계산해요.

✿ 계산을 하시오.

1

$$0.9 \overline{)7.2}$$

2

$$2.1 \overline{)6.3}$$

3

$$3.6 \overline{)25.2}$$

4

$$0.73 \overline{)4.38}$$

5

$$1.12 \overline{)8.96}$$

6

$$2.54 \overline{)15.24}$$

7

$$1.8 \overline{)23.4}$$

8

$$0.42 \overline{)5.04}$$

9

$$1.17 \overline{)18.72}$$

✽ 계산을 하시오.

10
지예

$14.4 \div 1.6 =$ ☐

11
호준

$10.35 \div 3.45 =$ ☐

12
세경

$9.6 \div 0.8 =$ ☐

13
재한

$9.72 \div 1.08 =$ ☐

14
세연

$14.3 \div 1.3 =$ ☐

15
정환

$5.76 \div 0.48 =$ ☐

16
소희

$19.2 \div 2.4 =$ ☐

17
해영

$25.12 \div 3.14 =$ ☐

18
민아

$25.2 \div 8.4 =$ ☐

19
수현

$30.36 \div 2.76 =$ ☐

 몫이 같은 친구들끼리 짝을 이루려고 해요.
주어진 친구와 짝을 이룬 친구의
이름을 빈칸에 써넣어 보세요.

지예	세경	세연	소희	민아

(소수 두 자리 수)÷(소수 한 자리 수) ⑴

⊕ 4.56÷3.8의 계산 — (자연수)÷(자연수)로 계산하기 —

4.56과 3.8을 각각 100배씩 해서 계산하기

```
      100배
  ┌──────────┐
4.56÷3.8 = 1.2      456÷380 = 1.2
  └──────────┘
      100배
```

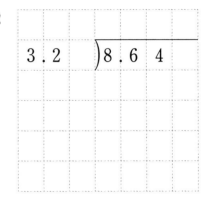

✿ 계산을 하시오.

1

$$1.2\;)\;2.5\;2$$

2

$$3.2\;)\;8.6\;4$$

3

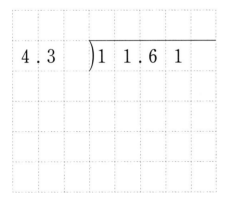

4

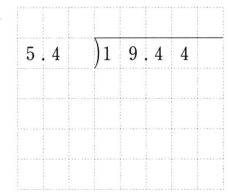

5

$$7.5\;)\;2\;4.7\;5$$

6

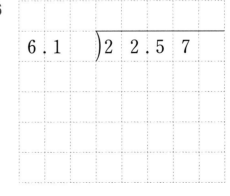

✼ 강준이와 친구들이 멀리뛰기를 하였습니다. 친구들의 기록은 강준이 기록의 몇 배인지 알아보시오.

내 기록은 2.4 m야.

강준

7

소현

내 기록은 1.68 m야.

→ (소현이의 기록)÷(강준이의 기록)을
구하면 몇 배인지 알 수 있어요.

식 　1.68÷2.4= ▢

답 　　　　　　　　　　　배

8

인아

내 기록은 1.92 m야.

식 　▢ ÷2.4= ▢

답 　　　　　　　　　　　배

9

수호

내 기록은 3.12 m야.

식 　　　　　　　　　　　　　

답 　　　　　　　　　　　배

10

해진

내 기록은 2.88 m야.

식 　　　　　　　　　　　　　

답 　　　　　　　　　　　배

11

주환

내 기록은 2.64 m야.

식 　　　　　　　　　　　　　

답 　　　　　　　　　　　배

12

지예

내 기록은 2.16 m야.

식 　　　　　　　　　　　　　

답 　　　　　　　　　　　배

(소수 두 자리 수)÷(소수 한 자리 수) ⑵

◎ **4.56 ÷ 3.8의 계산** — 나누는 수가 자연수가 되도록 바꾸어 계산하기 —

4.56과 3.8을 각각 10배씩 해서 계산하기

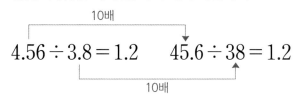

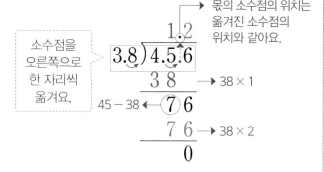

❀ **계산을 하시오.**

1

$$2.8 \overline{)2.2\ 4}$$

2

$$3.1 \overline{)2.7\ 9}$$

3

$$2.4 \overline{)1.6\ 8}$$

4

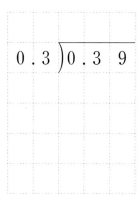

$$0.3 \overline{)0.3\ 9}$$

5

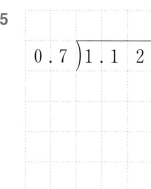

$$0.7 \overline{)1.1\ 2}$$

6

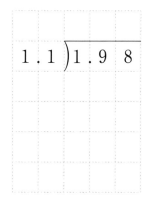

$$1.1 \overline{)1.9\ 8}$$

7

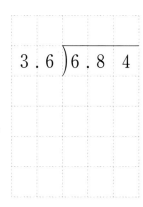

$$3.6 \overline{)6.8\ 4}$$

8

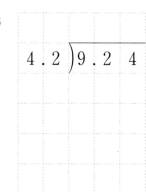

$$4.2 \overline{)9.2\ 4}$$

9

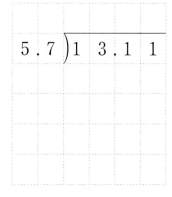

$$5.7 \overline{)1\ 3.1\ 1}$$

❀ 각 관문을 통과하려고 합니다. 계산을 하여 통과할 수 있는 곳의 글자에 ◯표 하시오.

(소수 세 자리 수)÷(소수 두 자리 수) (1)

☆ **1.488 ÷ 1.24의 계산** — (자연수)÷(자연수)로 계산하기 —

　1.488과 1.24를 각각 1000배씩 해서 계산하기

1000배

$$1.488 \div 1.24 = 1.2 \qquad 1488 \div 1240 = 1.2$$

1000배

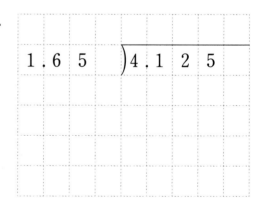

❋ **계산을 하시오.**

1

$$1.26\,)\,3.5\,2\,8$$

2

$$1.1\,8\,)\,2.8\,3\,2$$

3

$$1.1\,2\,)\,3.2\,4\,8$$

4

$$1.6\,5\,)\,4.1\,2\,5$$

5

$$3.1\,8\,)\,7.6\,3\,2$$

6

$$2.2\,8\,)\,4.7\,8\,8$$

✿ 해영이와 친구들의 가방 무게입니다. 가방의 무게가 서로 몇 배인지 알아보시오.

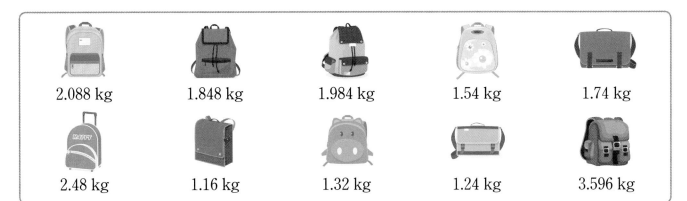

2.088 kg　　1.848 kg　　1.984 kg　　1.54 kg　　1.74 kg

2.48 kg　　1.16 kg　　1.32 kg　　1.24 kg　　3.596 kg

7 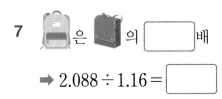 은 　의 [　　] 배

➡ $2.088 \div 1.16 =$ [　　]

8 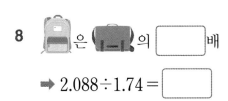 은 　의 [　　] 배

➡ $2.088 \div 1.74 =$ [　　]

9  은 　의 [　　] 배

➡ _____

10 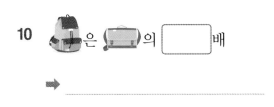 은 　의 [　　] 배

➡ _____

11  은 　의 [　　] 배

➡ _____

12  은 　의 [　　] 배

➡ _____

13 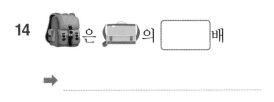 은 　의 [　　] 배

➡ _____

14 은 　의 [　　] 배

➡ _____

09 (소수 세 자리 수) ÷ (소수 두 자리 수) (2)

✪ 1.488 ÷ 1.24의 계산 — 나누는 수가 자연수가 되도록 바꾸어 계산하기 —

1.488과 1.24를 각각 100배씩 해서 계산하기

$$1.488 \div 1.24 = 1.2$$

100배 ↓　　100배 ↓

$$148.8 \div 124 = 1.2$$

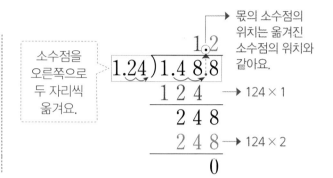

몫의 소수점의 위치는 옮겨진 소수점의 위치와 같아요.

소수점을 오른쪽으로 두 자리씩 옮겨요.

→ 124 × 1

→ 124 × 2

❀ 계산을 하시오.

1

0 . 0 6) 0 . 1 3 8

2

0 . 1 3) 0 . 5 4 6

3

1 . 1 5) 3 . 1 0 5

4

2 . 1 2) 3 . 3 9 2

5

2 . 0 8) 7 . 0 7 2

6

5 . 1 6) 1 2 . 3 8 4

❀ 강준이는 다음과 같이 꽃밭의 각 구역에 물을 주려고 합니다. 구역별로 물을 주는 시간을 구하시오.

1분 동안 주는
물의 양은
1.14 L야.

강준

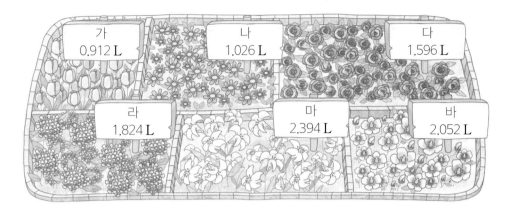

가
0.912 L

나
1.026 L

다
1.596 L

라
1.824 L

마
2.394 L

바
2.052 L

7 가 구역

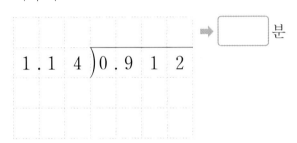

$$1.14\,\big)\,0.9\,1\,2$$

➡ ☐ 분

8 나 구역

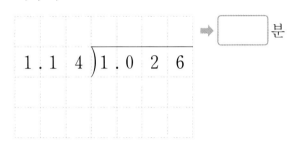

$$1.14\,\big)\,1.0\,2\,6$$

➡ ☐ 분

9 다 구역

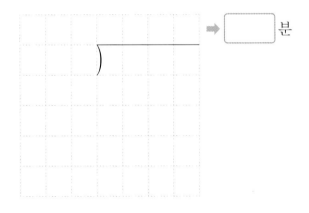

➡ ☐ 분

10 라 구역

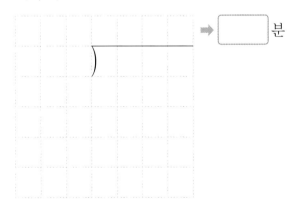

➡ ☐ 분

11 마 구역

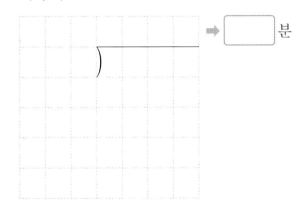

➡ ☐ 분

12 바 구역

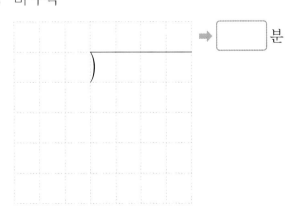

➡ ☐ 분

10 자릿수가 다른 소수의 나눗셈

☆ 1.26 ÷ 0.6의 계산

나누는 수가
소수 한 자리 수
이므로 소수점을
오른쪽으로
한 칸씩 옮겨요.
➡ 12.6 ÷ 6

$$
\begin{array}{r}
2.1 \\
0.6\,)\overline{1.2\,6} \\
\underline{1\,2} \\
6 \\
\underline{6} \\
0
\end{array}
$$

$$
1.26 \div 0.6 = 126 \div 60 \\
= 2.1
$$

나누어지는 수와
나누는 수에 똑같이
100배를 하여 자연수의
나눗셈으로 계산할 수
있어요.

❋ 계산을 하시오.

1

$$1.3\,)\overline{2.3\,4}$$

2

$$1.18\,)\overline{1.8\,8\,8}$$

3

$$4.8\,)\overline{7.6\,8}$$

4

$$3.25\,)\overline{7.4\,7\,5}$$

5

$$7.2\,)\overline{1\,7.2\,8}$$

6

$$5.16\,)\overline{1\,3.4\,1\,6}$$

❋ 계산을 하시오.

7　$0.72 \div 1.8 =$ [　　] 우

8　$0.339 \div 1.13 =$ [　　] 새

9　$0.85 \div 1.7 =$ [　　] 가

10　$1.164 \div 0.97 =$ [　　] 라

11　$1.54 \div 2.2 =$ [　　] 장

12　$1.443 \div 1.11 =$ [　　] 마

13　$2.04 \div 3.4 =$ [　　] 등

14　$1.712 \div 2.14 =$ [　　] 하

15　$2.86 \div 2.6 =$ [　　] 드

16　$1.917 \div 2.13 =$ [　　] 는

계산 결과에 해당하는 글자를 써넣어
만든 수수께끼의 답은 무엇일까요?

수수께끼

0.3	0.4	0.5		0.6	0.7	0.8	0.9		1.1	1.2	1.3

✿ 화살표를 따라가며 계산을 하여 빈 곳에 알맞은 수를 써넣으시오.

1

7.2		→ 12.6 ÷ 1.8
	÷ 1.8	7
12.6		
		→ 7.2 ÷ 1.8

2

9.12	÷ 1.52	
6.08		

3

19.2	÷ 6.4	
38.4		

4

12.84	÷ 2.14	
25.68		

5

1.82	÷ 1.3	
1.17		

6

0.348	÷ 0.29	
0.754		

7

3.28	÷ 4.1	
8.61		

8

4.416	÷ 1.84	
2.944		

❋ 계산을 하여 빈 곳에 알맞은 수를 써넣으시오.

9

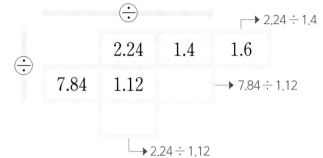

→ 2.24 ÷ 1.4

÷	2.24	1.4	1.6
7.84	1.12		→ 7.84 ÷ 1.12

└→ 2.24 ÷ 1.12

10

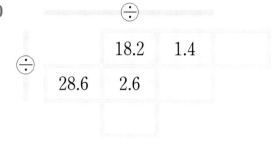

÷	18.2	1.4	
28.6	2.6		

11

÷	8.26	1.18	
6.49	0.59		

12

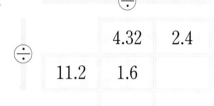

÷	4.32	2.4	
11.2	1.6		

13

÷	1.68	1.4	
2.24	0.7		

14

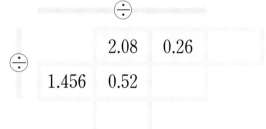

÷	2.08	0.26	
1.456	0.52		

15

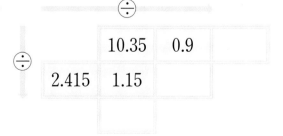

÷	10.35	0.9	
2.415	1.15		

16

÷	2.88	1.2	
3.072	1.92		

12 집중 연산 B

✲ 계산을 하시오.

1
$0.9\overline{)4.5}$

2
$0.24\overline{)1.44}$

3
$1.2\overline{)7.2}$

4
$1.06\overline{)8.48}$

5
$2.4\overline{)26.4}$

6
$1.42\overline{)18.46}$

7
$1.5\overline{)1.35}$

8
$1.46\overline{)2.044}$

9
$2.7\overline{)4.32}$

10
$3.24\overline{)5.832}$

11 $4.8 \div 0.3$

12 $7.56 \div 1.26$

13 $16.8 \div 1.2$

14 $12.78 \div 1.42$

15 $25.2 \div 2.8$

16 $17.15 \div 2.45$

17 $46.5 \div 3.1$

18 $54.72 \div 4.56$

19 $2.08 \div 1.3$

20 $2.898 \div 1.38$

21 $16.32 \div 5.1$

22 $11.392 \div 3.56$

23 $25.38 \div 4.7$

24 $23.165 \div 5.65$

우아~ 볼거리가 많네.

난 왜 여길 몰랐을까?

당연히 몰랐겠지.

이런 곳은 관심 밖이었잖아.

인정~.

오~ 이 반짝 거리는 건 뭐야?

그건 다이아몬드라고 해! 지구에서 가장 단단한 광석이야.

그럼 이 까만 돌덩이는 뭐지?

그건 바로 우리가 찾는 석탄이지!

그런데 왜 다이아몬드와 석탄을 함께 둔 거야?

그건 말이야~.

다이아몬드와 석탄은 같은 동위원소로 이루어졌어.

그게 바로 탄소!!

타타가 필요하다는 그 탄소!!!

신기하지! 하나는 반짝이는 광석이고 다른 하나는 새까만 암석이라니~.

정말 신기하지요?

안녕하세요. 저는 박물관 안내원입니다.

안녕하세요.

학습 내용

- (자연수)÷(소수 한 자리 수)
- (자연수)÷(소수 두 자리 수)

(자연수)÷(소수 한 자리 수) (1)

◎ 2÷0.4의 계산 ─ 세로셈

나누는 수가 자연수가 되도록 소수점을 옮겨요.

$$0.4\overline{)2.0}$$

→ 소수점 아래 끝자리에 0이 계속 있다고 생각해요.

나누는 수와 나누어지는 수의 소수점을 오른쪽으로 한 자리씩 옮기면 자연수의 나눗셈 20÷4가 돼요.

❀ 계산을 하시오.

1
$$0.2\overline{)1}$$

2
$$1.4\overline{)7}$$

3
$$1.6\overline{)8}$$

4
$$2.5\overline{)1\,0}$$

5
$$2.8\overline{)1\,4}$$

6
$$3.5\overline{)2\,1}$$

7
$$5.8\overline{)8\,7}$$

8
$$3.2\overline{)4\,8}$$

9
$$1.5\overline{)5\,7}$$

※ **계산을 하시오.**

10 와

$1.2\overline{)6}$

11 마

$1.5\overline{)6}$

12 권

$0.5\overline{)4}$

13 토

$0.5\overline{)1\ 7}$

14 부

$1.4\overline{)3\ 5}$

15 신

$3.5\overline{)8\ 4}$

16 위

$3.4\overline{)5\ 1}$

17 상

$2.6\overline{)6\ 5}$

18 중

$1.5\overline{)8\ 1}$

19 담

$1.8\overline{)6\ 3}$

20 래

$2.5\overline{)1\ 0\ 5}$

21 침

$4.5\overline{)1\ 4\ 4}$

오른쪽 몫에 해당하는 식의 글자를 써넣으면
한 번의 실패에도 굴하지 않고 몇 번이고
다시 일어남을 뜻하는 고사성어가 나와요.

8	34	54	42

(자연수)÷(소수 한 자리 수) ⑵

$$2 \div 0.5 = \frac{20}{10} \div \frac{5}{10} = \boxed{20 \div 5} = 4$$

자연수의 나눗셈으로

분모가 10인
분수로 고쳐요.

분모가 같은 분수의 나눗셈은
분자의 나눗셈과 같아요.

✽ 계산을 하시오.

1 $6 \div 1.2 = \dfrac{60}{10} \div \dfrac{12}{10} = 60 \div \boxed{} = \boxed{}$

2 $12 \div 2.4 = \dfrac{120}{10} \div \dfrac{\boxed{}}{10}$

$= \boxed{} \div \boxed{} = \boxed{}$

3 $9 \div 1.5$

4 $27 \div 1.8$

5 $26 \div 2.6$

6 $17 \div 3.4$

7 $11 \div 2.2$

8 $12 \div 0.8$

9 $39 \div 2.6$

10 $51 \div 3.4$

※ 계산을 하시오.

11 $4 \div 0.5$

12 $7 \div 3.5$

13 $16 \div 3.2$

14 $18 \div 4.5$

15 $30 \div 2.5$

16 $49 \div 1.4$

17 $35 \div 1.4$

18 $42 \div 1.5$

19 $49 \div 3.5$

20 $72 \div 4.5$

21 $80 \div 2.5$

난 금고라고 해.
나의 비밀번호를
맞혀봐.

계산 결과가 적힌 칸을 색칠하면
비밀번호를 찾을 수 있어요.

2	4	5	7	8
12	13	14	15	16
22	24	25	27	28
30	31	32	34	35

(자연수)÷(소수 두 자리 수) (1)

☉ 2÷0.25의 계산 — 세로셈

소수점을 오른쪽
으로 두 자리씩
똑같이 옮겨요.

$$
\begin{array}{r}
8 \\
0.25\overline{)2.00} \\
200 \\
\hline
0
\end{array}
$$

나누는 수와 나누어지는 수의 소수점을
오른쪽으로 두 자리씩 똑같이 옮기면
자연수의 나눗셈이 돼요.

$$0.25\overline{)2.00} \;\Rightarrow\; 25\overline{)200}$$

✿ 계산을 하시오.

1

$$0.75\overline{)6}$$

2

$$4.25\overline{)17}$$

3

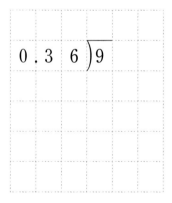

$$0.36\overline{)9}$$

4

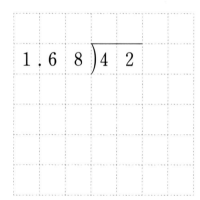

$$1.68\overline{)42}$$

5

$$1.25\overline{)15}$$

6

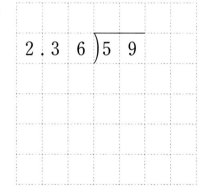

$$2.36\overline{)59}$$

❋ **계산을 하시오.**

7 R 1.68)84

8 L 1.75)35

9 F 2.25)27

10 O 1.25)30

11 W 1.28)32

12 E 2.75)77

①

②

③

몫이 작은 것의 알파벳부터 차례로
써넣어 보세요. 이 단어는 미술관에 있는
세 그림 중 몇 번 그림과 관계가 있을까요?

(자연수)÷(소수 두 자리 수) (2)

☑ 6÷0.75의 계산 — 가로셈

$$6 \div 0.75 = \frac{600}{100} \div \frac{75}{100} = \boxed{600 \div 75} = 8$$

분모가 100인
분수로 바꾸어요.

자연수의 나눗셈으로

분수로 바꾸는 과정을 생략하고
각각 100배 하여 자연수의 나눗셈으로
나타내어 계산할 수 있어요.
$6.00 \div 0.75 = 600 \div 75 = 8$

✿ 계산을 하시오.

1 $8 \div 0.32 = \dfrac{\boxed{}}{100} \div \dfrac{32}{100}$

$\qquad = \boxed{} \div 32 = \boxed{}$

2 $18 \div 0.72 = \dfrac{1800}{100} \div \dfrac{\boxed{}}{100}$

$\qquad = 1800 \div \boxed{} = \boxed{}$

3 $3 \div 0.15$

4 $12 \div 0.24$

5 $7 \div 0.25$

6 $12 \div 0.75$

7 $16 \div 0.32$

8 $17 \div 4.25$

9 $20 \div 1.25$

10 $35 \div 1.75$

❀ 계산을 하시오.

11 $5 \div 1.25 =$ ⬜ 목

12 $13 \div 0.26 =$ ⬜ 없

13 $17 \div 0.85 =$ ⬜ 도

14 $23 \div 0.92 =$ ⬜ 고

15 $26 \div 0.65 =$ ⬜ 수

16 $34 \div 4.25 =$ ⬜ 수

17 $45 \div 0.18 =$ ⬜ 는

18 $63 \div 2.25 =$ ⬜ 칠

19 $195 \div 0.75 =$ ⬜ 집

20 $245 \div 0.35 =$ ⬜ 은

몫에 해당하는 글자를
빈칸에 써넣어 만든
수수께끼의 답은
무엇일까요?

수수께끼

4	8	20	25	28	40	50	250	260	700

?

집중 연산 A

✿ 계산을 하여 빈칸에 알맞은 수를 써넣으시오.

1

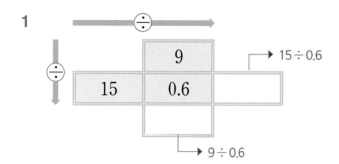

	÷	
	9	
15	0.6	→ 15÷0.6
	↓	
	9÷0.6	

2

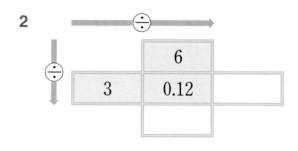

	÷	
	6	
3	0.12	

3

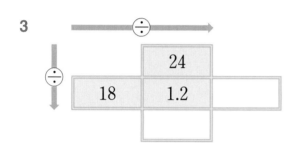

	÷	
	24	
18	1.2	

4

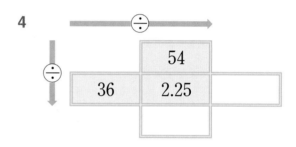

	÷	
	54	
36	2.25	

5

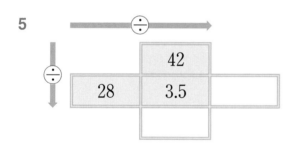

	÷	
	42	
28	3.5	

6

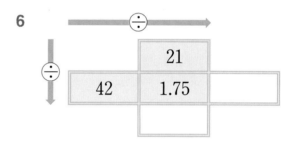

	÷	
	21	
42	1.75	

7

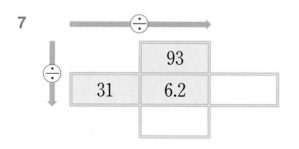

	÷	
	93	
31	6.2	

8

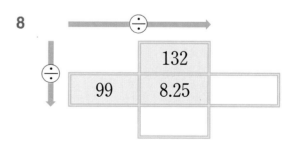

	÷	
	132	
99	8.25	

❊ 가운데 자연수를 바깥쪽의 소수로 나눈 몫을 빈 곳에 써넣으시오.

9

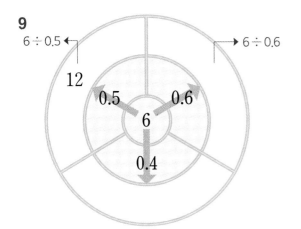

$6 \div 0.5$　　　　$6 \div 0.6$

12

0.5　　0.6

6

0.4

10

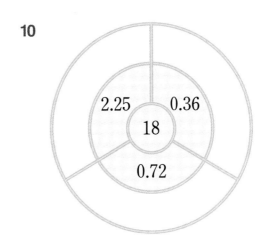

2.25　　0.36

18

0.72

11

0.8　　1.5

12

2.4

12

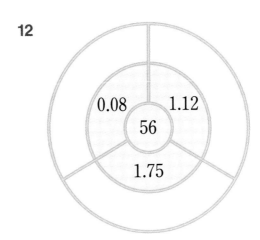

0.08　　1.12

56

1.75

13

0.8　　1.6

32

6.4

14

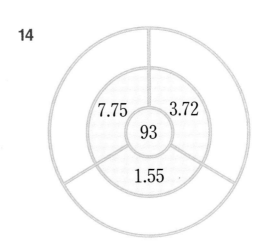

7.75　　3.72

93

1.55

❁ 계산을 하시오.

1

$3.2\overline{)4\ 8}$

2

$2.25\overline{)1\ 8}$

3

$5.2\overline{)7\ 8}$

4

$1.68\overline{)4\ 2}$

5

$3.5\overline{)4\ 2}$

6

$2.25\overline{)8\ 1}$

7

$6.4\overline{)1\ 2\ 8}$

8

$3.36\overline{)8\ 4}$

9

$7.8\overline{)1\ 9\ 5}$

10

$4.32\overline{)1\ 0\ 8}$

11 $27 \div 1.8$

12 $12 \div 0.75$

13 $28 \div 3.5$

14 $17 \div 4.25$

15 $40 \div 2.5$

16 $30 \div 1.25$

17 $54 \div 4.5$

18 $53 \div 2.12$

19 $80 \div 3.2$

20 $78 \div 3.12$

21 $114 \div 7.6$

22 $108 \div 2.25$

23 $156 \div 5.2$

24 $132 \div 2.75$

이제 석탄 구하러 가자!

응!

여기야!

우아~ 완전 큰 동굴이네.

그런데 좀 무서워.

걱정하지마! 안에 들어가면 전혀 그렇지 않아!

그럼 한번 들어가 볼까?

어! 안에는 엄청 밝네.

생각보다 멋지다!

그래서 내가 같이 오자고 했잖아.

그런데 석탄은 어디 있어?

여기 있는 검은 암석이 전부 석탄이야!

정말??

그럼 빨리 가져 가자.

4명이 10 kg을 들고 가야하니까.

한 명이 2.5 kg씩 들고 가면 돼!

와! 계산 빠르다.

정우는 나눗셈을 잘 못하는데.

나도 나눗셈 잘하거든!

문제 내봐! 풀어볼게!

4÷7을 계산해봐.

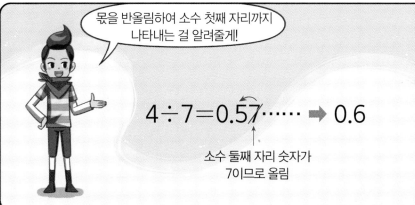

$$4 \div 7 = 0.57 \cdots \Rightarrow 0.6$$

소수 둘째 자리 숫자가
7이므로 올림

학습 내용

- 나누어떨어지지 않는 (자연수)÷(자연수)
- 몫을 반올림하여 나타내기
- (소수)÷(자연수)에서 나머지 구하기
- (소수)÷(소수)에서 나머지 구하기
- 나눗셈의 몫과 나머지를 바르게 구했는지 확인하기

01 나누어떨어지지 않는 (자연수)÷(자연수)

☑ 4÷7의 몫을 어림하여 나타내기

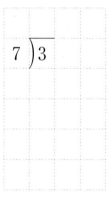

• 몫을 반올림하여 소수 첫째 자리까지 나타내기

$$4 \div 7 = 0.57\cdots \Rightarrow 0.6$$

└→ 소수 둘째 자리 숫자가 7이므로 올림

• 몫을 반올림하여 소수 둘째 자리까지 나타내기

$$4 \div 7 = 0.571\cdots \Rightarrow 0.57$$

└→ 소수 셋째 자리 숫자가 1이므로 버림

반올림은
구하려는 자리 바로
아래 자리의 숫자가
0, 1, 2, 3, 4이면 버리고,
5, 6, 7, 8, 9이면 올려요.

❈ 몫을 반올림하여 소수 첫째 자리까지 나타내시오.

1

6)4

➡ _____

2

7)3

➡ _____

3

1 3)9

➡ _____

4

3)4

➡ _____

5

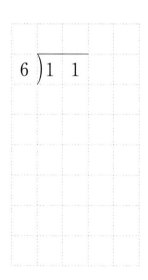

6)1 1

➡ _____

6

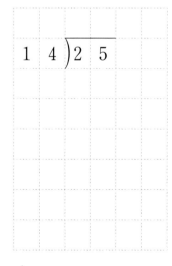

1 4)2 5

➡ _____

✽ 몫을 반올림하여 소수 둘째 자리까지 나타내시오.

7 $5 \div 9 \Rightarrow$ [ ] 바

8 $8 \div 7 \Rightarrow$ [ ] 엉

9 $14 \div 3 \Rightarrow$ [ ] 물

10 $20 \div 6 \Rightarrow$ [ ] 동

11 $26 \div 11 \Rightarrow$ [ ] 빨

12 $16 \div 12 \Rightarrow$ [ ] 덩

13 $27 \div 14 \Rightarrow$ [ ] 이

14 $14 \div 17 \Rightarrow$ [ ] 나

15 $17 \div 7 \Rightarrow$ [ ] 간

16 $10 \div 13 \Rightarrow$ [ ] 나

계산 결과에 해당하는 글자를 써넣어 보세요.
이 단어들로 연상되는 것은 무엇일까요?

연상퀴즈

0.56	0.77	0.82		2.36	2.43		1.14	1.33	1.93		3.33	4.67

02 몫을 반올림하여 나타내기 (1)

☉ 5.2 ÷ 3의 몫을 반올림하여 소수 첫째 자리까지 나타내기

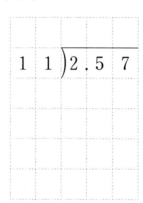

• 몫을 반올림하여 소수 첫째 자리까지 나타내기

$$5.2 \div 3 = 1.7\underline{3} \cdots\cdots \Rightarrow 1.7$$

↳ 소수 둘째 자리 숫자가 3이므로 버려요.

몫을 반올림하여
소수 첫째 자리까지
나타내려면
소수 둘째 자리 숫자를
확인해요.

❀ 몫을 반올림하여 소수 첫째 자리까지 나타내시오.

1

6) 2 . 3

➡ _____

2

1 1) 2 . 5 7

➡ _____

3

9) 7 . 1 5

➡ _____

4

7) 8 . 6

➡ _____

5

3) 6 . 4

➡ _____

6

1 2) 1 7 . 5 4

➡ _____

※ 몫을 반올림하여 소수 첫째 자리까지 나타낸 값이 가장 큰 것의 글자에 ○표 하시오.

7

$3.1 \div 9$ 행 $2.3 \div 3$ 금 $4.1 \div 7$ 대

8

$4.7 \div 6$ 석 $5.6 \div 9$ 기 $5.2 \div 7$ 불

9

$12.7 \div 6$ 무 $16.3 \div 7$ 만 $10.7 \div 3$ 위

10

$2.3 \div 0.6$ 득 $1.9 \div 0.3$ 개 $2.7 \div 1.1$ 성

○표 한 글자를 차례로 빈칸에 써넣으면 강한 의지로 정성을 다하면 어떤 일이든지 해낼 수 있다는 뜻의 고사성어가 돼요.

03 몫을 반올림하여 나타내기 (2)

⊙ 5.2÷6의 몫을 반올림하여 소수 둘째 자리까지 나타내기

```
      0.8 6 6
  6)5.2 0 0
      4 8
        4 0
        3 6
          4 0
          3 6
            4
```

• 몫을 반올림하여 소수 둘째 자리까지 나타내기

$5.2 \div 6 = 0.866\cdots \Rightarrow 0.87$

└→ 소수 셋째 자리 숫자가 6이므로 올려요.

> 몫을 반올림하여
> 소수 둘째 자리까지
> 나타내려면
> 소수 셋째 자리 숫자를
> 확인해요.

✿ 몫을 반올림하여 소수 둘째 자리까지 나타내시오.

1

```
3)1 . 6
```

➡ _____

2

➡ _____

3

➡ _____

4

➡ _____

5

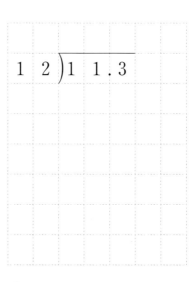

➡ _____

6

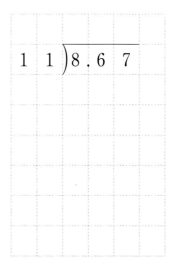

➡ _____

✽ 몫을 반올림하여 소수 둘째 자리까지 나타내시오.

7　$7.4 \div 6$ ➡ [1.23] 난

8　$13.1 \div 9$ ➡ [1.46] 에

9　$7.42 \div 3$ ➡ [2.47] 장

10　$17.8 \div 7$ ➡ [2.54] 옷

11　$15.53 \div 7$ ➡ [2.22] 안

12　$16.4 \div 14$ ➡ [1.17] 면

13　$14.96 \div 12$ ➡ [1.25] 이

14　$17.8 \div 11$ ➡ [1.62] 불

15　$2.3 \div 1.3$ ➡ [1.77] 다

계산 결과에 해당하는 글자를 써넣어
만든 수수께끼의 답은 무엇일까요?

수수께끼

2.54	2.47		2.22	1.46		1.62	1.25		1.23	1.77	1.17
옷	장		안	에		불	이		난	다	면

?

(소수)÷(자연수)에서 나머지 구하기

◎ 18.2÷6의 계산

18.2 ÷ 6 = 3 ··· 0.2

몫 / 나머지

→ 18.2 − 6 − 6 − 6 = 0.2

자연수 부분까지만

검산 6 × 3 + 0.2 = 18.2

(나누는 수) × (몫) + (나머지) = (나누어지는 수)

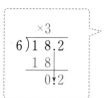

✿ 몫을 자연수 부분까지 구하고 나머지를 알아보시오.

1

```
      3
  7) 2 2 . 5
     2 1
```

몫	나머지

2

```
  5) 3 1 . 3
```

몫	나머지

3

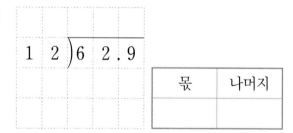

```
  1 2) 6 2 . 9
```

몫	나머지

4

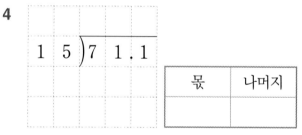

```
  1 5) 7 1 . 1
```

몫	나머지

5

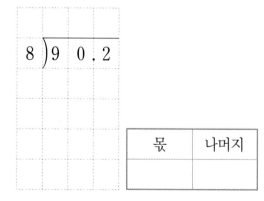

```
  8) 9 0 . 2
```

몫	나머지

6

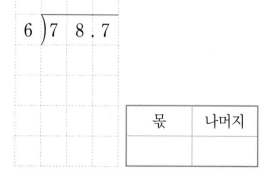

```
  6) 7 8 . 7
```

몫	나머지

✸ 수현이와 친구들이 각자 딴 토마토를 한 상자에 $3\,kg$씩 담으려고 합니다. 토마토를
　몇 상자까지 담을 수 있고 남는 토마토는 몇 kg인지 알아보시오.

7

수현이가 딴
토마토의 무게

 수현

5.5 kg

상자 수 ← 　　　→ 남는 토마토의 무게

➡ $5.5 \div 3 = 1 \cdots \boxed{}$

　　상자 $\boxed{}$ 개, 남는 토마토 $\boxed{}$ kg

8

 해영

4.3 kg

➡ $4.3 \div 3 = \boxed{} \cdots \boxed{}$

　　상자 $\boxed{}$ 개, 남는 토마토 $\boxed{}$ kg

9

 재한

7.4 kg

➡ $7.4 \div 3 = \boxed{} \cdots \boxed{}$

　　상자 $\boxed{}$ 개, 남는 토마토 $\boxed{}$ kg

10

 치수

9.8 kg

➡ $9.8 \div 3 = \boxed{} \cdots \boxed{}$

　　상자 $\boxed{}$ 개, 남는 토마토 $\boxed{}$ kg

11

 선우

3.7 kg

➡ _____

　　상자 ＿＿＿＿ 개, 남는 토마토 ＿＿＿＿ kg

12

 동휘

6.2 kg

➡ _____

　　상자 ＿＿＿＿ 개, 남는 토마토 ＿＿＿＿ kg

13

 정환

7.7 kg

➡ _____

　　상자 ＿＿＿＿ 개, 남는 토마토 ＿＿＿＿ kg

14

 혜리

4.9 kg

➡ _____

　　상자 ＿＿＿＿ 개, 남는 토마토 ＿＿＿＿ kg

6. 소수의 나눗셈 (3) **119**

(소수)÷(소수)에서 나머지 구하기

☆ 2.3÷0.4의 계산

$$0.4\overline{)2.3} \quad \overset{\times 5}{}$$

$$2.3 \div 0.4 = 5 \cdots 0.3$$

나머지의 소수점의 위치는
나누어지는 수의 처음 소수점의 위치와 같아요.

검산 $0.4 \times 5 + 0.3 = 2.3$

나누는 수가 자연수가
되도록 소수점을 오른쪽으로
똑같이 옮긴 후 몫을 자연수
부분까지 구해요.

❀ 몫을 자연수 부분까지 구하고 나머지를 알아보시오.

1

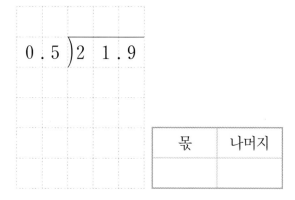

몫	나머지

2

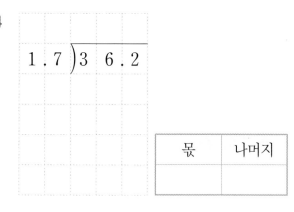

몫	나머지

3

몫	나머지

4

몫	나머지

5

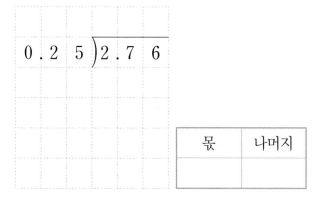

몫	나머지

6

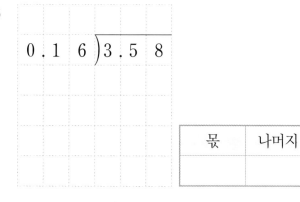

몫	나머지

❀ 한 가지 색의 실만을 사용하여 다음과 같은 모양의 팔찌를 여러 개 만들려고 합니다. 실별로 팔찌를 몇 개까지 만들 수 있고 남는 실은 몇 m인지 알아보시오.

팔찌 1개를 만드는 데 실 0.7 m가 필요해.

7  12.8 m

팔찌의 수 ←　　　→ 남는 실의 길이

➡ $12.8 \div 0.7 = 18 \cdots$ ☐

팔찌 ☐ 개, 남는 실 ☐ m

8  19.3 m

➡ $19.3 \div 0.7 =$ ☐ $\cdots$ ☐

팔찌 ☐ 개, 남는 실 ☐ m

9  11.3 m

➡ $11.3 \div 0.7 =$ ☐ $\cdots$ ☐

팔찌 ☐ 개, 남는 실 ☐ m

10  8.7 m

➡ $8.7 \div 0.7 =$ ☐ $\cdots$ ☐

팔찌 ☐ 개, 남는 실 ☐ m

11  9.5 m

➡ _____

팔찌 _____ 개, 남는 실 _____ m

12  16.3 m

➡ _____

팔찌 _____ 개, 남는 실 _____ m

13  15.9 m

➡ _____

팔찌 _____ 개, 남는 실 _____ m

14  7.6 m

➡ _____

팔찌 _____ 개, 남는 실 _____ m

나눗셈의 몫과 나머지를 바르게 구했는지 확인하기

☑ 2.3 ÷ 0.7의 몫을 자연수 부분까지 구한 다음 바르게 구했는지 확인하기

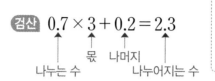

검산 $0.7 \times 3 + 0.2 = 2.3$

나누는 수 ↑ 몫 ↑ 나머지 ↑ 나누어지는 수 ↑

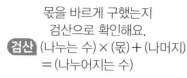

몫을 바르게 구했는지 검산으로 확인해요.
검산 (나누는 수) × (몫) + (나머지) = (나누어지는 수)

✿ 나눗셈의 몫을 자연수 부분까지 구한 다음 바르게 구했는지 확인하시오.

1

$1.4\overline{)6.9}$

검산 _____

2

$0.6\overline{)3.5}$

검산 _____

3

$3.8\overline{)7.4}$

검산 _____

4

$0.4\,9\overline{)3.0\,5}$

검산 _____

5

$5.1\,2\overline{)9.0\,6}$

검산 _____

6

$1.3\,3\overline{)9.3\,5}$

검산 _____

✳ 몫을 자연수 부분까지 구하고 바르게 구했는지 확인하시오.

7 $3.6 \overline{)45.7}$ 　(차)

검산 _____

8 $1.7 \overline{)36.9}$ 　(세)

검산 _____

9 $4.3 \overline{)50.4}$ 　(는)

검산 _____

10 $4.1 \overline{)57.5}$ 　(큰)

검산 _____

11 $2.8 \overline{)52.6}$ 　(서)

검산 _____

12 $2.3 \overline{)43.8}$ 　(에)

검산 _____

13 $1.51 \overline{)25.64}$ 　(장)

검산 _____

14 $1.63 \overline{)28.01}$ 　(가)

검산 _____

15 $1.79 \overline{)36.78}$ 　(상)

검산 _____

몫이 큰 순서대로 글자를 차례대로
써넣으면 수수께끼가 돼요.
이 수수께끼의 답은 무엇일까요?

수수께끼

								|?

집중 연산 A

✻ 몫을 자연수 부분까지 구하여 ▢ 안에 쓰고 나머지를 ◯ 안에 써넣으시오.

1　→ ÷ →

| 7.3 | 2 | | ◯ |
| 9.7 | 9 | | ◯ |

2　→ ÷ →

| 6.7 | 0.8 | | ◯ |
| 1.3 | 0.3 | | ◯ |

3　→ ÷ →

| 14.4 | 3 | | ◯ |
| 24.5 | 5 | | ◯ |

4　→ ÷ →

| 11.3 | 1.2 | | ◯ |
| 21.7 | 3.9 | | ◯ |

5　→ ÷ →

| 34.1 | 5 | | ◯ |
| 46.2 | 6 | | ◯ |

6　→ ÷ →

| 1.68 | 0.58 | | ◯ |
| 9.15 | 0.84 | | ◯ |

7　→ ÷ →

| 106.7 | 8 | | ◯ |
| 124.2 | 13 | | ◯ |

8　→ ÷ →

| 8.55 | 2.18 | | ◯ |
| 7.24 | 1.25 | | ◯ |

❋ 사다리를 타면서 만나는 수로 나누고 몫을 반올림하여 만나는 자리까지 나타내시오.

9

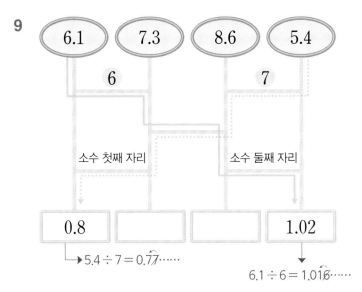

10

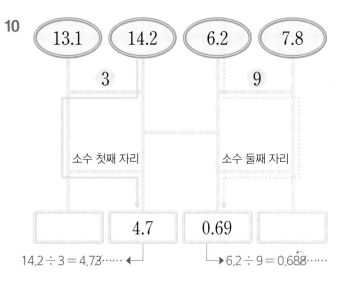

11

12

13

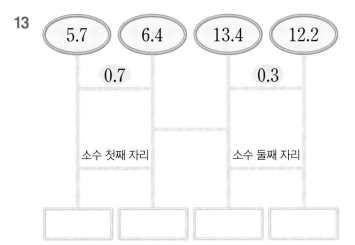

14

✿ 몫을 자연수 부분까지 구하고 나머지를 알아본 후 검산하시오.

1

$$9 \overline{)9\ 8.2}$$

검산 _____

2

$$0.5 \overline{)1\ 2.3}$$

검산 _____

3

$$4 \overline{)7\ 5.7}$$

검산 _____

4

$$0.4\ 7 \overline{)8.5\ 7}$$

검산 _____

5 $7.5 \div 6 = \boxed{} \cdots \boxed{}$

검산 _____

6 $11.7 \div 0.8 = \boxed{} \cdots \boxed{}$

검산 _____

7 $13.8 \div 3 = \boxed{} \cdots \boxed{}$

검산 _____

8 $9.8 \div 0.4 = \boxed{} \cdots \boxed{}$

검산 _____

9 $52.5 \div 6 = \boxed{} \cdots \boxed{}$

검산 _____

10 $2.76 \div 0.25 = \boxed{} \cdots \boxed{}$

검산 _____

✱ 몫을 반올림하여 소수 첫째 자리까지 나타내시오.

11 $8.3 \div 6$ ➡ ☐

12 $12.8 \div 9$ ➡ ☐

13 $43.1 \div 15$ ➡ ☐

14 $6.85 \div 6$ ➡ ☐

15 $11.3 \div 7$ ➡ ☐

16 $1.83 \div 1.3$ ➡ ☐

17 $12.5 \div 1.7$ ➡ ☐

18 $24.3 \div 2.1$ ➡ ☐

19 $15.7 \div 1.2$ ➡ ☐

20 $13.18 \div 0.9$ ➡ ☐

✱ 몫을 반올림하여 소수 둘째 자리까지 나타내시오.

21 $11.2 \div 6$ ➡ ☐

22 $7.52 \div 3$ ➡ ☐

23 $1.9 \div 3$ ➡ ☐

24 $9.43 \div 9$ ➡ ☐

25 $16.3 \div 13$ ➡ ☐

26 $12.4 \div 0.7$ ➡ ☐

27 $13.2 \div 2.3$ ➡ ☐

28 $6.76 \div 5.8$ ➡ ☐

29 $10.4 \div 0.6$ ➡ ☐

30 $14.32 \div 1.7$ ➡ ☐

이제 다시 집으로 갈 수 있어.

그럼 우리도 들어가 볼까?

이 안으로 들어갈 수 있어요?

응! 방법을 알아 두었어!

오~ 역시 선배!

이쯤에 수학 암호가 있더라고!

$\frac{1}{3} : \frac{1}{4}$ 을 간단한 자연수의 비로 나타내는 거야.

$$\frac{1}{3} : \frac{1}{4} = ?$$

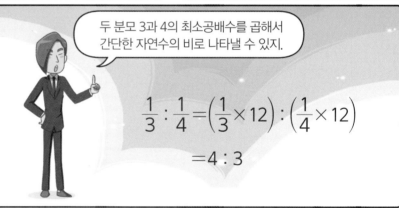

두 분모 3과 4의 최소공배수를 곱해서 간단한 자연수의 비로 나타낼 수 있지.

$$\frac{1}{3} : \frac{1}{4} = \left(\frac{1}{3} \times 12\right) : \left(\frac{1}{4} \times 12\right)$$
$$= 4 : 3$$

지… 진짜 열렸다!

뭐해! 안 들어갈 거야?

그… 그게… 좀 무서워서요.

안 들어가면 나 혼자 간다.

드… 들어갈게요.

학습 내용

- 전항, 후항, 외항, 내항
- 비의 성질
- 자연수의 비를 간단한 자연수의 비로 나타내기
- 소수의 비를 간단한 자연수의 비로 나타내기
- 분수의 비를 간단한 자연수의 비로 나타내기

전항, 후항, 외항, 내항

⊙ **전항, 후항 알아보기**

〈비〉

$$2 : 3$$

전항   후항

항

비 2 : 3에서 2와 3은 비의 항이에요.

⊙ **외항, 내항 알아보기**

〈비례식〉

외항

$$2 : 3 = 20 : 30$$

내항

비례식은 비율이 같은 두 비를 기호 '='를 사용하여 나타낸 식이에요.

✿ 비를 보고 전항과 후항을 각각 쓰시오.

1
$$3 : 8$$

➡ 전항 _____, 후항 _____

2
$$6 : 5$$

➡ 전항 _____, 후항 _____

3
$$2 : 7$$

➡ 전항 _____, 후항 _____

4
$$9 : 4$$

➡ 전항 _____, 후항 _____

✿ 비례식을 보고 외항과 내항을 각각 쓰시오.

5
$$4 : 3 = 12 : 9$$

➡ 외항 _____
　내항 _____

6
$$2 : 3 = 8 : 12$$

➡ 외항 _____
　내항 _____

7
$$15 : 6 = 5 : 2$$

➡ 외항 _____
　내항 _____

8
$$8 : 3 = 16 : 6$$

➡ 외항 _____
　내항 _____

✸ 외항과 내항을 바르게 찾은 학생은 ◯표, 잘못 찾은 학생은 ×표 하시오.

9

$2 : 7 = 4 : 14$
외항 : 2, 14
내항 : 7, 4

10

$3 : 5 = 15 : 25$
외항 : 3, 5
내항 : 15, 25

11

$3 : 2 = 9 : 6$
외항 : 3, 6
내항 : 2, 9

12

$9 : 7 = 63 : 49$
외항 : 7, 49
내항 : 9, 63

13

$7 : 2 = 21 : 6$
외항 : 7, 6
내항 : 2, 21

14

$13 : 26 = 1 : 2$
외항 : 13, 2
내항 : 26, 1

15

$15 : 3 = 5 : 1$
외항 : 3, 5
내항 : 15, 1

16

$32 : 24 = 4 : 3$
외항 : 32, 3
내항 : 24, 4

17

$6 : 8 = 18 : 24$
외항 : 8, 18
내항 : 6, 24

02 비의 성질 (1)

⊙ 비의 각 항에 0이 아닌 같은 수를 곱하기

$$3 : 4 = (3 \times 2) : (4 \times 2) = 6 : 8$$

↳ 비율 : $\frac{3}{4}$　　　　　　　↳ 비율 : $\frac{6}{8} = \frac{3}{4}$

비의 전항과 후항에 0이 아닌 같은 수를 곱하여도 비율은 같습니다.

비 3 : 4에서 기호 ' : '의 앞에 있는 3을 전항, 뒤에 있는 4를 후항이라고 해요.

✿ 비의 성질을 이용하여 ☐ 안에 알맞은 수를 써넣으시오.

1　$5 : 8 = (5 \times 3) : (8 \times 3)$
　　　　$= 15 : \boxed{}$

2　$9 : 2 = (9 \times 2) : (2 \times 2)$
　　　　$= \boxed{} : \boxed{}$

3　$7 : 4 = (7 \times 4) : (4 \times \boxed{})$
　　　　$= \boxed{} : \boxed{}$

4　$4 : 9 = (4 \times \boxed{}) : 9 \times 5$
　　　　$= \boxed{} : \boxed{}$

5　$12 : 11 = (12 \times \boxed{}) : (11 \times 4)$
　　　　$= \boxed{} : \boxed{}$

6　$7 : 12 = (7 \times 5) : (12 \times \boxed{})$
　　　　$= \boxed{} : \boxed{}$

7　$6 : 5 = (6 \times 6) : (5 \times \boxed{})$
　　　　$= \boxed{} : \boxed{}$

8　$4 : 3 = (4 \times \boxed{}) : (3 \times 7)$
　　　　$= \boxed{} : \boxed{}$

9　$8 : 11 = (8 \times \boxed{}) : (11 \times 7)$
　　　　$= \boxed{} : \boxed{}$

10　$15 : 7 = (15 \times 3) : (7 \times \boxed{})$
　　　　$= \boxed{} : \boxed{}$

✽ 가로와 세로의 비가 다음과 같은 액자를 만들려고 합니다. 비의 성질을 이용하여 ▦의 값을 구하시오.

11

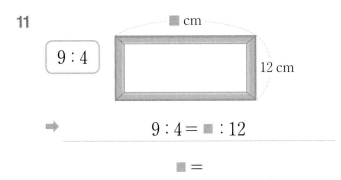

➡ $9 : 4 = ▦ : 12$

▦ =

12

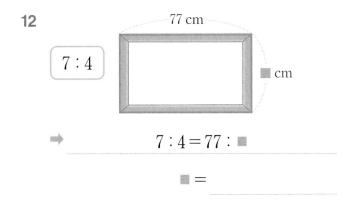

➡ $7 : 4 = 77 : ▦$

▦ =

13

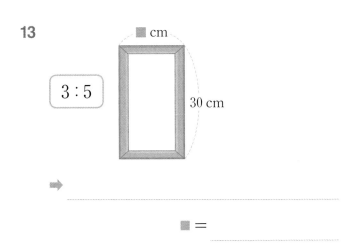

➡

▦ =

14

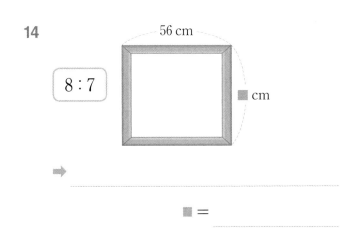

➡

▦ =

15

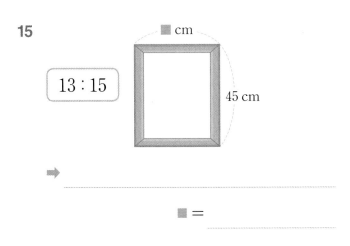

➡

▦ =

16

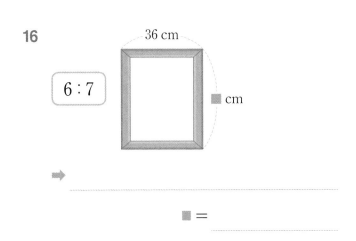

➡

▦ =

비의 성질(2)

☑ 비의 각 항을 0이 아닌 같은 수로 나누기

$$12 : 15 = (12 \div 3) : (15 \div 3) = 4 : 5$$

비율 : $\dfrac{12}{15} = \dfrac{4}{5}$　　　　　비율 : $\dfrac{4}{5}$

비의 전항과 후항을 0이 아닌 같은 수로 나누어도 비율은 같습니다.

> 비의 전항과 후항을 0으로는 나눌 수 없어요.

✿ 비의 성질을 이용하여 ☐ 안에 알맞은 수를 써넣으시오.

1　$20 : 15 = (20 \div 5) : (15 \div 5)$

　　　$= 4 : \boxed{}$

2　$56 : 8 = (56 \div 8) : (8 \div 8)$

　　　$= \boxed{} : \boxed{}$

3　$21 : 35 = (21 \div 7) : (35 \div \boxed{})$

　　　$= \boxed{} : \boxed{}$

4　$9 : 24 = (9 \div \boxed{}) : (24 \div 3)$

　　　$= \boxed{} : \boxed{}$

5　$24 : 20 = (24 \div \boxed{}) : (20 \div 4)$

　　　$= \boxed{} : \boxed{}$

6　$36 : 45 = (36 \div 9) : (45 \div \boxed{})$

　　　$= \boxed{} : \boxed{}$

7　$40 : 70 = (40 \div 10) : (70 \div \boxed{})$

　　　$= \boxed{} : \boxed{}$

8　$28 : 35 = (28 \div \boxed{}) : (35 \div 7)$

　　　$= \boxed{} : \boxed{}$

9　$54 : 42 = (54 \div \boxed{}) : (42 \div 6)$

　　　$= \boxed{} : \boxed{}$

10　$16 : 34 = (16 \div 2) : (34 \div \boxed{})$

　　　$= \boxed{} : \boxed{}$

❄ 왼쪽 천을 오른쪽과 같은 가로와 세로의 비로 잘라 옷을 만들려고 합니다. 비의 성질을 이용하여 ▦의 값을 구하시오.

11

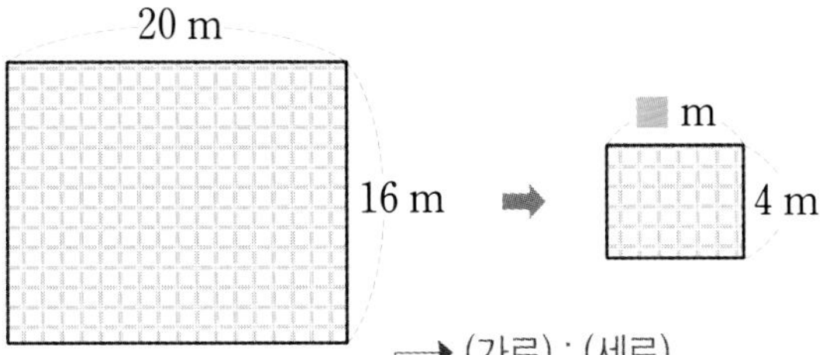

20 m

16 m ➡ ▦ m   4 m

➡ (가로) : (세로)

$20 : 16 = ▦ : 4$

▦ =

12

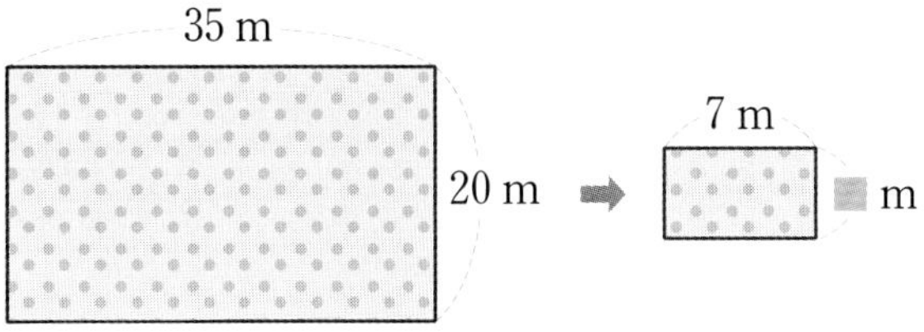

35 m

20 m ➡ 7 m   ▦ m

➡ $35 : 20 = 7 : ▦$

▦ =

13

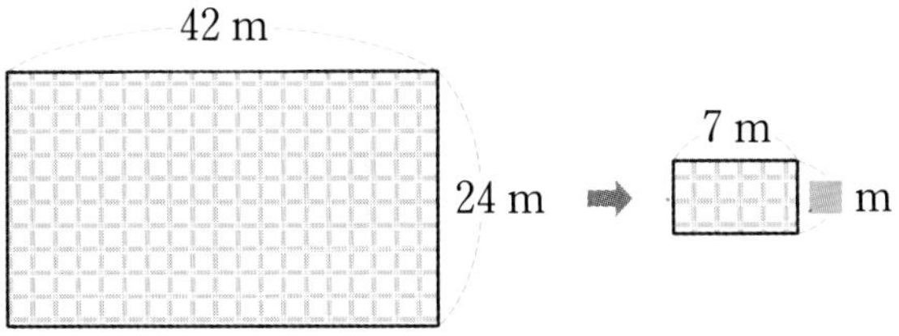

42 m

24 m ➡ 7 m   ▦ m

➡

▦ =

14

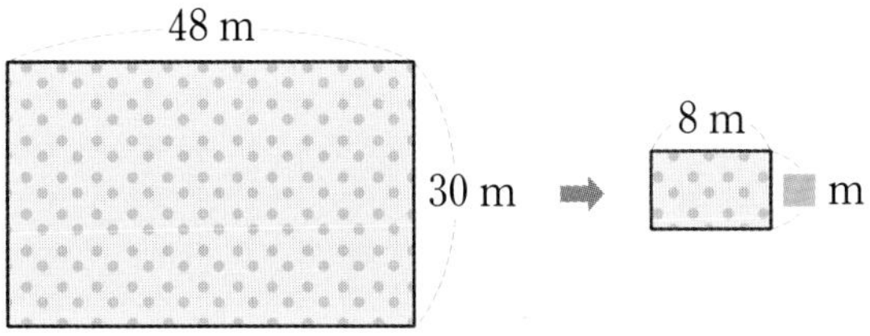

48 m

30 m ➡ 8 m   ▦ m

➡

▦ =

15

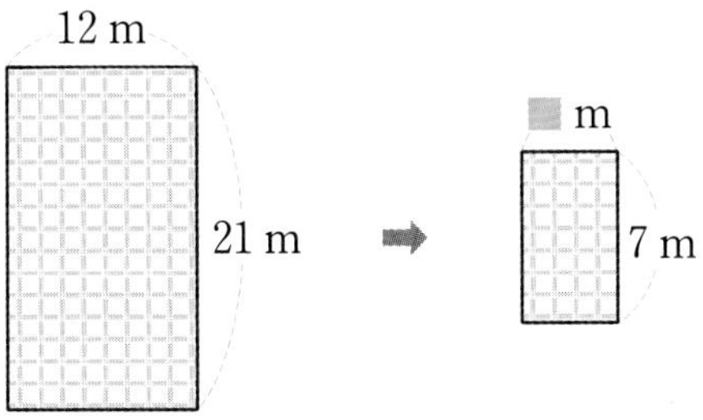

12 m

21 m ➡ ▦ m   7 m

➡

▦ =

16

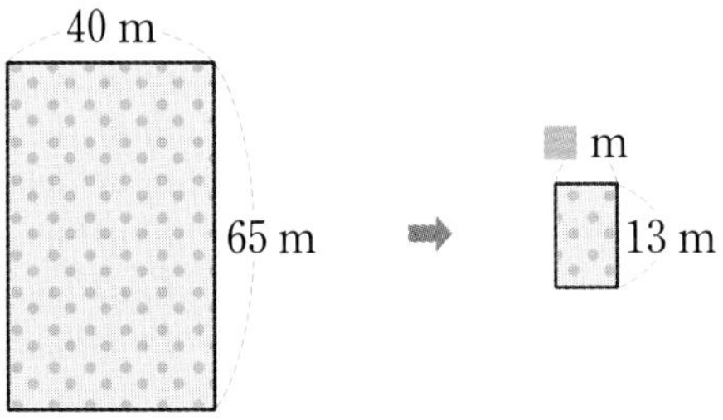

40 m

65 m ➡ ▦ m   13 m

➡

▦ =

자연수의 비를 간단한 자연수의 비로 나타내기

⊙ 28 : 35를 가장 간단한 자연수의 비로 나타내기

$$28 : 35 = (28 \div 7) : (35 \div 7)$$
$$= 4 : 5$$

28과 35의 최대공약수 7로 나눕니다.

가장 간단한 자연수의 비로 나타내기 위해 두 수의 최대공약수로 나눠요.

✿ 비를 가장 간단한 자연수의 비로 나타내시오.

1 $30 : 40 = (30 \div 10) : (40 \div \boxed{})$
$$= \boxed{} : \boxed{}$$

2 $54 : 63 = (54 \div 9) : (63 \div \boxed{})$
$$= \boxed{} : \boxed{}$$

3 $48 : 40 = \boxed{} : \boxed{}$

4 $63 : 28 = \boxed{} : \boxed{}$

5 $45 : 70 = \boxed{} : \boxed{}$

6 $60 : 45 = \boxed{} : \boxed{}$

7 $16 : 64 = \boxed{} : \boxed{}$

8 $36 : 54 = \boxed{} : \boxed{}$

9 $42 : 72 = \boxed{} : \boxed{}$

10 $55 : 99 = \boxed{} : \boxed{}$

✿ 연아가 10분 동안 운동을 했을 때 소모되는 열량을 나타낸 표입니다. 두 운동의 열량의 비를 가장 간단한 자연수의 비로 나타내시오.

"킬로칼로리"라고 읽어요.

열량은 운동을 했을 때 몸에서 발생하는 에너지예요.

연아

달리기 72 kcal	계단 오르기 21 kcal	스트레칭 16 kcal	자전거 타기 28 kcal
수영 30 kcal	윗몸일으키기 65 kcal	등산 32 kcal	줄넘기 68 kcal
에어로빅 27 kcal	탁구 45 kcal	배드민턴 54 kcal	스키 60 kcal

11

➡ _____

12

➡ _____

13

➡ _____

14

➡ _____

15

➡ _____

16
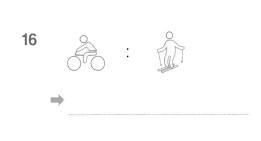

➡ _____

17

➡ _____

18
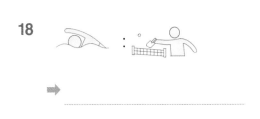

➡ _____

 **소수의 비를 간단한 자연수의 비로 나타내기**

⊙ 0.8 : 1.6을 가장 간단한 자연수의 비로 나타내기

$$0.8 : 1.6 = (0.8 \times 10) : (1.6 \times 10)$$
$$= 8 : 16$$
$$= (8 \div \underline{8}) : (16 \div \underline{8})$$
$$= 1 : 2$$

8과 16의 최대공약수 8로 나눕니다.

소수를 자연수로 고친 후 각 항을 두 수의 최대공약수로 나눠요.

✽ 비를 가장 간단한 자연수의 비로 나타내시오.

1 $0.7 : 3.5 = (0.7 \times 10) : (3.5 \times 10)$
$$= 7 : 35$$
$$= (7 \div 7) : (\boxed{} \div 7)$$
$$= 1 : \boxed{}$$

2 $2.1 : 1.5 = (2.1 \times 10) : (1.5 \times 10)$
$$= 21 : \boxed{}$$
$$= (21 \div 3) : (\boxed{} \div 3)$$
$$= 7 : \boxed{}$$

3 $0.4 : 2.8 = \boxed{} : \boxed{}$

4 $2.7 : 3.6 = \boxed{} : \boxed{}$

5 $4.2 : 0.6 = \boxed{} : \boxed{}$

6 $1.6 : 5.6 = \boxed{} : \boxed{}$

7 $1.8 : 2.4 = \boxed{} : \boxed{}$

8 $6.3 : 4.9 = \boxed{} : \boxed{}$

❈ 채소와 과일의 영양 성분을 나타낸 표입니다. $100\,g$당 들어 있는 두 영양 성분의 비를 가장 간단한 자연수의 비로 나타내시오.

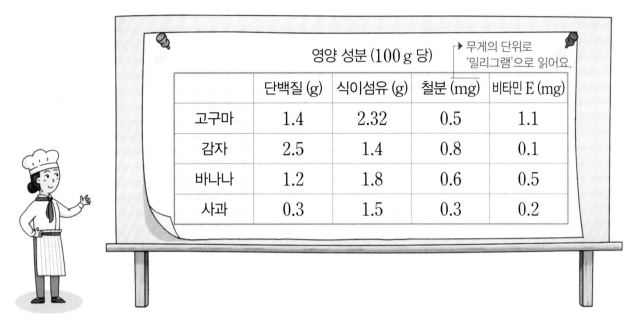

영양 성분 (100 g 당)

→ 무게의 단위로 '밀리그램'으로 읽어요.

	단백질 (g)	식이섬유 (g)	철분 (mg)	비타민 E (mg)
고구마	1.4	2.32	0.5	1.1
감자	2.5	1.4	0.8	0.1
바나나	1.2	1.8	0.6	0.5
사과	0.3	1.5	0.3	0.2

9 고구마 비타민 E : 바나나 비타민 E

➡ _____

10 고구마 철분 : 사과 철분

➡ _____

11 감자 식이섬유 : 바나나 식이섬유

➡ _____

12 고구마 단백질 : 바나나 단백질

➡ _____

13 사과 단백질 : 바나나 단백질

➡ _____

14 감자 철분 : 바나나 철분

➡ _____

15 감자 식이섬유 : 고구마 식이섬유

➡ _____

16 고구마 식이섬유 : 바나나 식이섬유

➡ _____

06 분수의 비를 간단한 자연수의 비로 나타내기

☑ $\frac{1}{3} : \frac{1}{4}$ 을 가장 간단한 자연수의 비로 나타내기

$$\frac{1}{3} : \frac{1}{4} = \left(\frac{1}{3} \times 12\right) : \left(\frac{1}{4} \times 12\right) = 4 : 3$$

3과 4의 최소공배수 12를 곱합니다.

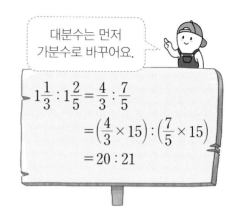

대분수는 먼저 가분수로 바꾸어요.

$$1\frac{1}{3} : 1\frac{2}{5} = \frac{4}{3} : \frac{7}{5}$$
$$= \left(\frac{4}{3} \times 15\right) : \left(\frac{7}{5} \times 15\right)$$
$$= 20 : 21$$

❋ 비를 가장 간단한 자연수의 비로 나타내시오.

1 $\frac{3}{4} : \frac{6}{7} = \left(\frac{3}{4} \times 28\right) : \left(\frac{6}{7} \times 28\right)$

$\qquad = 21 : \boxed{}$

$\qquad = (21 \div 3) : (\boxed{} \div 3)$

$\qquad = \boxed{} : \boxed{}$

2 $\frac{4}{5} : \frac{2}{3} = \left(\frac{4}{5} \times 15\right) : \left(\frac{2}{3} \times 15\right)$

$\qquad = 12 : \boxed{}$

$\qquad = (12 \div 2) : (\boxed{} \div 2)$

$\qquad = \boxed{} : \boxed{}$

3 $\frac{1}{8} : \frac{1}{12} = \boxed{} : \boxed{}$

4 $\frac{3}{4} : \frac{5}{16} = \boxed{} : \boxed{}$

5 $\frac{5}{6} : \frac{4}{9} = \boxed{} : \boxed{}$

6 $\frac{6}{7} : \frac{3}{8} = \boxed{} : \boxed{}$

7 $1\frac{3}{4} : 1\frac{1}{2} = \boxed{} : \boxed{}$

8 $1\frac{2}{5} : 1\frac{3}{4} = \boxed{} : \boxed{}$

❋ 거리의 비를 가장 간단한 자연수의 비로 나타내시오.

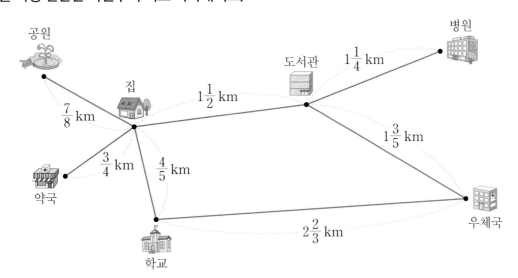

9　　　집 ~ 약국　　:　　집 ~ 학교

➡ ⋯⋯⋯⋯⋯⋯⋯⋯⋯⋯⋯⋯⋯⋯⋯⋯

10　　　집 ~ 공원　　:　　집 ~ 약국

➡ ⋯⋯⋯⋯⋯⋯⋯⋯⋯⋯⋯⋯⋯⋯⋯⋯

11　　도서관 ~ 집　　:　　도서관 ~ 병원

➡ ⋯⋯⋯⋯⋯⋯⋯⋯⋯⋯⋯⋯⋯⋯⋯⋯

12　　도서관 ~ 병원　　:　　도서관 ~ 우체국

➡ ⋯⋯⋯⋯⋯⋯⋯⋯⋯⋯⋯⋯⋯⋯⋯⋯

13　　우체국 ~ 도서관　　:　　우체국 ~ 학교

➡ ⋯⋯⋯⋯⋯⋯⋯⋯⋯⋯⋯⋯⋯⋯⋯⋯

14　　　집 ~ 공원　　:　　집 ~ 도서관

➡ ⋯⋯⋯⋯⋯⋯⋯⋯⋯⋯⋯⋯⋯⋯⋯⋯

15　　　학교 ~ 집　　:　　학교 ~ 우체국

➡ ⋯⋯⋯⋯⋯⋯⋯⋯⋯⋯⋯⋯⋯⋯⋯⋯

16　　도서관 ~ 집　　:　　도서관 ~ 우체국

➡ ⋯⋯⋯⋯⋯⋯⋯⋯⋯⋯⋯⋯⋯⋯⋯⋯

소수와 분수의 비를 간단한 자연수의 비로 나타내기

☺ $0.4 : 1\frac{3}{7}$ 을 가장 간단한 자연수의 비로 나타내기

> 먼저 소수는 분수로, 대분수는 가분수로 바꾸어요.

$$0.4 : 1\frac{3}{7} = \frac{4}{10} : \frac{10}{7}$$

$$= \left(\frac{4}{10} \times 70\right) : \left(\frac{10}{7} \times 70\right)$$

각 항에 10과 7의 최소공배수인 70을 곱합니다.

$$= 28 : 100$$

$$= (28 \div 4) : (100 \div 4)$$

각 항을 28과 100의 최대공약수인 4로 나눕니다.

$$= 7 : 25$$

✤ 비를 가장 간단한 자연수의 비로 나타내시오.

1 $0.3 : 1\frac{1}{2} = \frac{3}{10} : \frac{3}{2}$

$$= \left(\frac{3}{10} \times 10\right) : \left(\frac{3}{2} \times \boxed{}\right)$$

$$= 3 : \boxed{}$$

$$= (3 \div 3) : (\boxed{} \div 3)$$

$$= 1 : \boxed{}$$

2 $1\frac{3}{4} : 1.1 = \frac{7}{4} : \frac{\boxed{}}{10}$

$$= \left(\frac{7}{4} \times 20\right) : \left(\frac{\boxed{}}{10} \times 20\right)$$

$$= \boxed{} : \boxed{}$$

3 $0.7 : 1\frac{1}{2} = \boxed{} : \boxed{}$

4 $3\frac{1}{5} : 2.1 = \boxed{} : \boxed{}$

5 $0.4 : 1\frac{2}{5} = \boxed{} : \boxed{}$

6 $1.5 : \frac{5}{6} = \boxed{} : \boxed{}$

7 $\frac{1}{4} : 0.35 = \boxed{} : \boxed{}$

8 $2\frac{2}{3} : 2.4 = \boxed{} : \boxed{}$

❋ 비를 가장 간단한 자연수의 비로 바르게 나타낸 것의 글자에 ◯표 하시오.

9

$0.6 : 1\frac{1}{4}$ ➡

24 : 7	경
12 : 25	쥐
25 : 12	도

10

$1.4 : 1\frac{1}{6}$ ➡

6 : 5	네
5 : 4	찰
7 : 2	둑

11

$2\frac{3}{4} : 2.2$ ➡

6 : 1	서
4 : 3	이
5 : 4	마

12

$0.24 : 1\frac{3}{5}$ ➡

18 : 5	훔
6 : 13	의
3 : 20	리

13

$\frac{5}{7} : 0.8$ ➡

13 : 24	반
25 : 28	가
7 : 16	친

14

$0.75 : \frac{5}{6}$ ➡

9 : 10	모
10 : 3	대
7 : 10	돈

15

$3.2 : 2\frac{2}{5}$ ➡

4 : 3	이
7 : 8	은
6 : 5	말

16

$\frac{5}{8} : 2.5$ ➡

5 : 3	는
1 : 4	면
6 : 1	은

◯표 한 글자를 빈칸에 써넣어 만든 수수께끼의 답을 맞혀보세요.

수수께끼

9	10	11	12	13	14	15	16

?

집중 연산 ⓐ

❈ 빈 곳에 가장 간단한 자연수의 비를 써넣으시오.

1
$36 : 90$ →

$51 : 36$ →

2
$44 : 32$ →

$60 : 76$ →

3
$\dfrac{2}{3} : \dfrac{5}{6}$ →

$\dfrac{7}{20} : \dfrac{2}{5}$ →

4
$1\dfrac{3}{7} : 1\dfrac{4}{21}$ →

$3\dfrac{1}{9} : 2\dfrac{13}{18}$ →

5
$2.1 : 2.8$ →

$0.18 : 0.26$ →

6
$0.42 : 0.54$ →

$2.4 : 1.62$ →

7
$0.6 : \dfrac{9}{10}$ →

$\dfrac{13}{20} : 1.95$ →

8
$0.95 : 2\dfrac{1}{2}$ →

$1\dfrac{1}{8} : 0.15$ →

✿ 비의 성질을 이용하여 ☐ 안에 알맞은 수를 써넣으시오.

9   4 : 7   =   16 : ☐

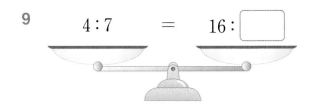

10   9 : 5   =   ☐ : 25

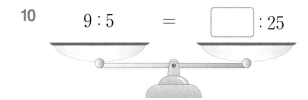

11   42 : 18   =   7 : ☐

12   8 : 11   =   40 : ☐

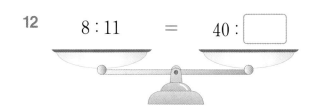

13   81 : 54   =   ☐ : 6

14   30 : 72   =   ☐ : 12

15   6 : 10   =   ☐ : 100

16   48 : 40   =   6 : ☐

17   2 : 9   =   24 : ☐

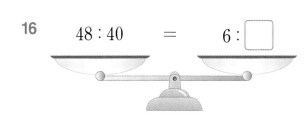

18   12 : 13   =   ☐ : 52

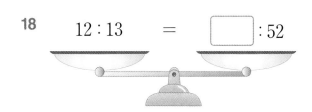

❋ 비의 성질을 이용하여 ☐ 안에 알맞은 수를 써넣으시오.

1 $2 : 4 = (2 \times 3) : (4 \times 3)$
$= \boxed{} : \boxed{}$

2 $7 : 3 = (7 \times 5) : (3 \times 5)$
$= \boxed{} : \boxed{}$

3 $15 : 4 = (15 \times 2) : (4 \times 2)$
$= \boxed{} : \boxed{}$

4 $5 : 8 = (5 \times 3) : (8 \times 3)$
$= \boxed{} : \boxed{}$

5 $2 : 9 = (2 \times 8) : (9 \times 8)$
$= \boxed{} : \boxed{}$

6 $7 : 12 = (7 \times 2) : (12 \times 2)$
$= \boxed{} : \boxed{}$

7 $12 : 28 = (12 \div 4) : (28 \div 4)$
$= \boxed{} : \boxed{}$

8 $21 : 14 = (21 \div 7) : (14 \div 7)$
$= \boxed{} : \boxed{}$

9 $40 : 64 = (40 \div 8) : (64 \div 8)$
$= \boxed{} : \boxed{}$

10 $56 : 98 = (56 \div 7) : (98 \div 7)$
$= \boxed{} : \boxed{}$

11 $32 : 48 = (32 \div 8) : (48 \div 8)$
$= \boxed{} : \boxed{}$

12 $60 : 72 = (60 \div 6) : (72 \div 6)$
$= \boxed{} : \boxed{}$

❋ 비를 가장 간단한 자연수의 비로 나타내시오.

13 $1.6 : \dfrac{4}{7}$ ➡

14 $2.4 : 4.2$ ➡

15 $\dfrac{1}{3} : \dfrac{4}{7}$ ➡

16 $\dfrac{10}{27} : \dfrac{5}{18}$ ➡

17 $68 : 36$ ➡

18 $8\dfrac{1}{2} : 34$ ➡

19 $8 : 1.2$ ➡

20 $6 : \dfrac{3}{5}$ ➡

21 $2\dfrac{2}{9} : \dfrac{4}{15}$ ➡

22 $56 : 12.6$ ➡

23 $3.5 : 2\dfrac{1}{10}$ ➡

24 $2\dfrac{2}{5} : 0.42$ ➡

8 비례식 (2)

타타, 잘 되어가?

네! 이제 곧 우리가 필요한 탄소가 뭉쳐서 나올 거예요.

투둑

투둑

다 됐다!!

여기 15개의 탄소 덩어리가 있어요.

이제 뭘 하면 돼?

먼저 이 15개의 탄소 덩어리를 2 : 3으로 나누어야 해요.

나눈다고?

15개를 2 : 3으로 나누는 거야.

비례배분은 전체를 주어진 비로 배분하는 것을 말해.

$$15 \times \frac{2}{2+3} = 15 \times \frac{2}{5} = 6$$

$$15 \times \frac{3}{2+3} = 15 \times \frac{3}{5} = 9$$

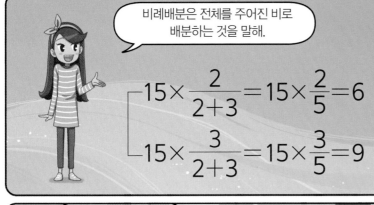

이렇게 6개와 9개로 나누면 돼!

훌륭하십니다.

제가 이 구멍에 6개를 넣을 테니 왕자님은 그 구멍에 9개를 넣으세요!

응!

하나! 둘! 셋!

다 고쳤어요. 왕자님!

고마워~ 타타.

별말씀을요~.

만나자마자 이별이네.

이제 친해졌다고 생각했는데.

지구인 친구들! 고마웠어!

다음에 올 때는 더 재미있게 놀자!

잠깐!

아저씨는 박물관 안내원!

눈썰미가 좋지만 틀렸어!

난 츄츄 왕자와 같은 별에서 온

닥터 카카다!

학습 내용

- 비례식 알아보기
- 비례식의 성질
- 두 비율을 보고 비례식으로 나타내기
- 비례식의 성질의 활용
- 두 수의 비로 비례배분하기

01 비례식 알아보기

❀ 비율이 같은 두 비를 찾아 비례식을 세워 보시오.

1

4 : 5	6 : 8	8 : 10

➡ $4:5 = \boxed{} : \boxed{}$

2

7 : 4	21 : 12	14 : 6

➡ $7:4 = \boxed{} : \boxed{}$

3

20 : 4	4 : 1	5 : 1

➡ _____

4

8 : 4	2 : 1	15 : 5

➡ _____

5

6 : 10	2 : 5	3 : 5

➡ _____

6

8 : 20	4 : 12	2 : 5

➡ _____

7

6 : 8	5 : 4	20 : 16

➡ _____

8

22 : 20	10 : 11	30 : 33

➡ _____

9 비례식이 맞으면 → 방향, 아니면 ↓ 방향으로 길을 따라가 진우의 생일 선물에 ◯표 하시오.

출발

$3:2=6:9$ → $15:3=5:1$ → $18:27=6:4$ →

$4:7=8:10$ → $7:2=35:10$ → $6:11=12:22$ →

$15:3=5:1$ → $18:12=3:2$ → $8:4=3:1$ →

$15:6=5:3$ → $5:9=30:36$ → $36:42=6:8$ →

$8:10=4:5$ → $42:54=7:9$ → $9:8=27:36$ →

$12:20=3:5$ → $56:21=8:3$ → $3:7=24:63$ →

내 생일 선물은 무엇일까요?

진우

02 비례식의 성질

외항의 곱 $\longrightarrow 3 \times 8 = 24$

$$3 : 4 = 6 : 8 \quad 곱이 같아요.$$

내항의 곱 $\longrightarrow 4 \times 6 = 24$

비례식에서 외항의 곱과 내항의 곱은 같아요.

✵ 비례식의 성질을 이용하여 비례식이면 ◯표, 아니면 ✕표 하시오.

1　$2 \times 16 = \boxed{}$

　　$2 : 4 = 8 : 16$　　(　　　　)

　　$4 \times 8 = \boxed{}$

2　$4 \times 21 = \boxed{}$

　　$4 : 7 = 12 : 21$　　(　　　　)

　　$7 \times 12 = \boxed{}$

3　$3 \times 16 = \boxed{}$

　　$3 : 8 = 9 : 16$　　(　　　　)

　　$8 \times 9 = \boxed{}$

4　$5 \times 27 = \boxed{}$

　　$5 : 9 = 15 : 27$　　(　　　　)

　　$9 \times 15 = \boxed{}$

5　$4 : 3 = 12 : 16$　　(　　　　)

6　$6 : 5 = 54 : 45$　　(　　　　)

7　$7 : 5 = 28 : 20$　　(　　　　)

8　$9 : 2 = 18 : 6$　　(　　　　)

9　$36 : 24 = 3 : 2$　　(　　　　)

10　$48 : 16 = 3 : 1$　　(　　　　)

✲ 비례식의 성질을 이용하여 비례식이면 ◯표, 아니면 ×표 하시오.

11 $3:4=12:16$ ☐

12 $7:2=21:8$ ☐

13 $21:7=3:1$ ☐

14 $16:3=32:9$ ☐

15 $4:9=16:32$ ☐

16 $11:13=44:52$ ☐

17 $42:15=14:5$ ☐

18 $35:63=5:8$ ☐

19 $15:16=60:80$ ☐

20 $25:45=5:9$ ☐

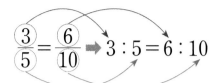

두 비율을 보고 비례식으로 나타내기

☑ 두 비율을 보고 비례식으로 나타내기

$$\frac{3}{5} = \frac{6}{10} \Rightarrow 3 : 5 = 6 : 10$$

비율을 비로 나타낼 때 분자를 전항에, 분모를 후항에 써요.

❋ 두 비율을 보고 비례식으로 나타내시오.

1 $\dfrac{7}{9} = \dfrac{21}{27}$ ➡ _____

2 $\dfrac{2}{3} = \dfrac{8}{12}$ ➡ _____

3 $\dfrac{4}{7} = \dfrac{16}{28}$ ➡ _____

4 $\dfrac{3}{4} = \dfrac{15}{20}$ ➡ _____

5 $\dfrac{3}{8} = \dfrac{18}{48}$ ➡ _____

6 $\dfrac{5}{6} = \dfrac{25}{30}$ ➡ _____

7 $\dfrac{7}{12} = \dfrac{21}{36}$ ➡ _____

8 $\dfrac{8}{15} = \dfrac{32}{60}$ ➡ _____

9 $\dfrac{9}{13} = \dfrac{36}{52}$ ➡ _____

10 $\dfrac{5}{11} = \dfrac{25}{55}$ ➡ _____

✿ 두 비율을 보고 비례식으로 바르게 나타낸 것에 ◯표, 아니면 ✕표 하시오.

11

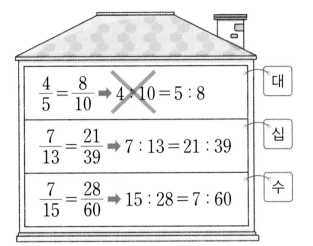

$\dfrac{4}{5} = \dfrac{8}{10}$ ➡ $4 : 10 = 5 : 8$ ✕ 〔대〕

$\dfrac{7}{13} = \dfrac{21}{39}$ ➡ $7 : 13 = 21 : 39$ 〔십〕

$\dfrac{7}{15} = \dfrac{28}{60}$ ➡ $15 : 28 = 7 : 60$ 〔수〕

12

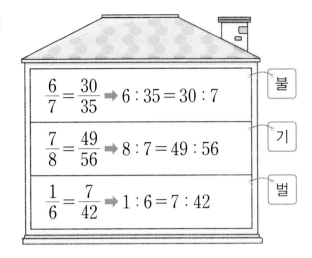

$\dfrac{6}{7} = \dfrac{30}{35}$ ➡ $6 : 35 = 30 : 7$ 〔불〕

$\dfrac{7}{8} = \dfrac{49}{56}$ ➡ $8 : 7 = 49 : 56$ 〔기〕

$\dfrac{1}{6} = \dfrac{7}{42}$ ➡ $1 : 6 = 7 : 42$ 〔벌〕

13

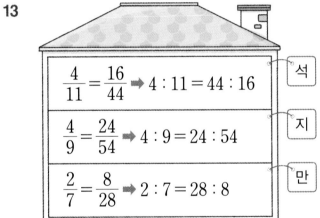

$\dfrac{4}{11} = \dfrac{16}{44}$ ➡ $4 : 11 = 44 : 16$ 〔석〕

$\dfrac{4}{9} = \dfrac{24}{54}$ ➡ $4 : 9 = 24 : 54$ 〔지〕

$\dfrac{2}{7} = \dfrac{8}{28}$ ➡ $2 : 7 = 28 : 8$ 〔만〕

14

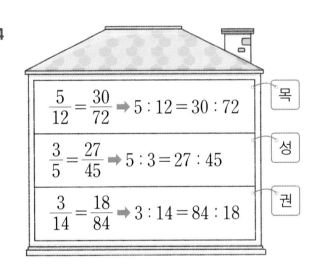

$\dfrac{5}{12} = \dfrac{30}{72}$ ➡ $5 : 12 = 30 : 72$ 〔목〕

$\dfrac{3}{5} = \dfrac{27}{45}$ ➡ $5 : 3 = 27 : 45$ 〔성〕

$\dfrac{3}{14} = \dfrac{18}{84}$ ➡ $3 : 14 = 84 : 18$ 〔권〕

◯표 한 곳의 글자를
빈칸에 순서대로 써넣어
사자성어를 완성해요.

어려운 일이라도
끊임없이 노력하면
이룰 수 있다는 뜻이에요.

11	12	13	14

비례식의 성질의 활용

⊙ 비례식의 성질을 이용하여 ★의 값 구하기

$$4 : 7 = 20 : ★$$

$\overset{7 \times 20}{\overbrace{}}$
$\underset{4 \times ★}{\underbrace{}}$

➡ $4 \times ★ = 7 \times 20$

$4 \times ★ = 140$

$★ = 140 \div 4$

$★ = 35$

비례식에서 외항의 곱과 내항의 곱은 같아요.

❀ 비례식의 성질을 이용하여 ★의 값을 구하시오.

1 $3 : 5 = 9 : ★$ ➡ $3 \times ★ = 5 \times 9$

$3 \times ★ = \boxed{}$

$★ = 45 \div \boxed{}$

$★ = \boxed{}$

2 $2 : 9 = ★ : 36$ ➡ $2 \times 36 = 9 \times ★$

$9 \times ★ = \boxed{}$

$★ = \boxed{} \div 9$

$★ = \boxed{}$

3 $3 : 15 = ★ : 75$

(   )

4 $5 : 9 = 25 : ★$

(   )

5 $9 : 6 = 18 : ★$

(   )

6 $72 : ★ = 9 : 10$

(   )

7 $7 : ★ = 21 : 18$

(   )

8 $★ : 3 = 40 : 15$

(   )

❄ 마을별 밭에서 생산한 감자와 고구마의 비가 각각 다음과 같을 때 비례식의 성질을 이용하여 ★에 알맞은 수를 구하시오.

9

➡ 4 : 7 = ★ : 35
_____

★ = _____

10

➡ 16 : ★ = 48 : 27
_____

★ = _____

11

➡ _____

★ = _____

12

➡ _____

★ = _____

13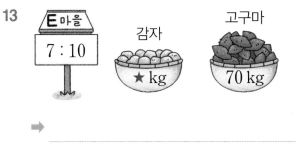

➡ _____

★ = _____

14

➡ _____

★ = _____

두 수의 비로 비례배분하기

☺ 15를 2 : 3으로 비례배분하기

$$15 \times \frac{2}{2+3} = 15 \times \frac{2}{5} = 6$$

$$15 \times \frac{3}{2+3} = 15 \times \frac{3}{5} = 9$$

비례배분은 전체를 주어진 비로 배분하는 것이에요.

✿ ⬭ 안의 수를 주어진 비로 나누시오.

1 ⬭42⬭ 3 : 4

$$\Rightarrow \quad 42 \times \frac{3}{3+4} = \boxed{}$$

$$42 \times \frac{\boxed{}}{3+\boxed{}} = \boxed{}$$

2 ⬭54⬭ 5 : 1

$$\Rightarrow \quad 54 \times \frac{5}{5+1} = \boxed{}$$

$$54 \times \frac{\boxed{}}{5+\boxed{}} = \boxed{}$$

3 ⬭18⬭ 1 : 2 ➡ (,   )

4 ⬭24⬭ 3 : 5 ➡ (,   )

5 ⬭50⬭ 7 : 3 ➡ (,   )

6 ⬭20⬭ 2 : 3 ➡ (,   )

7 ⬭220⬭ 3 : 2 ➡ (,   )

8 ⬭140⬭ 5 : 2 ➡ (,   )

✿ 농장에서 수확한 농작물을 두 상자에 쓰인 수의 비로 각각 나누어 담으려고 합니다. 각 상자에 몇 개씩 담아야 하는지 구하시오.

9
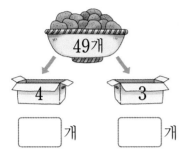

☐ 개　　☐ 개

10
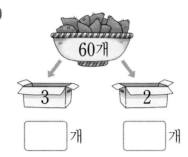

☐ 개　　☐ 개

11
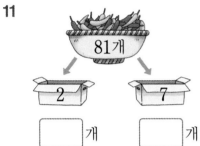

☐ 개　　☐ 개

12
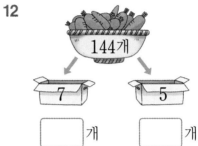

☐ 개　　☐ 개

13
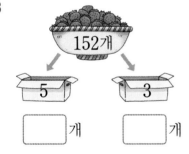

☐ 개　　☐ 개

14
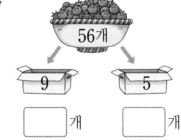

☐ 개　　☐ 개

15
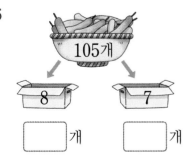

☐ 개　　☐ 개

16

☐ 개　　☐ 개

집중 연산 A

❀ 외항의 곱과 내항의 곱이 같도록 비례식으로 나타내시오.

1

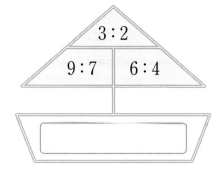

3 : 2

9 : 7 · 6 : 4

2

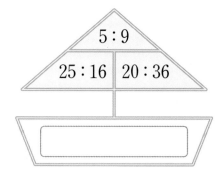

5 : 9

25 : 16 · 20 : 36

3

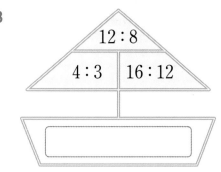

12 : 8

4 : 3 · 16 : 12

4

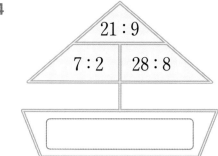

21 : 9

7 : 2 · 28 : 8

5

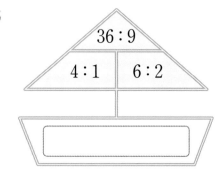

36 : 9

4 : 1 · 6 : 2

6

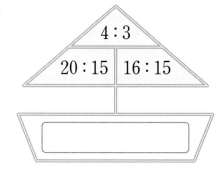

4 : 3

20 : 15 · 16 : 15

7

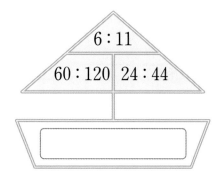

6 : 11

60 : 120 · 24 : 44

8

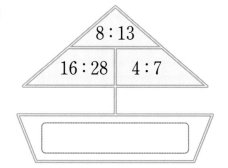

8 : 13

16 : 28 · 4 : 7

날짜 :　　월　　일

부모님 확인

❋ 수를 주어진 비로 나누어 빈 곳에 써넣으시오.

9

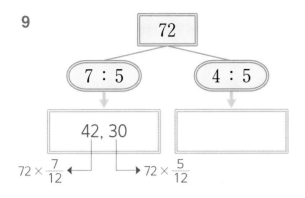

10

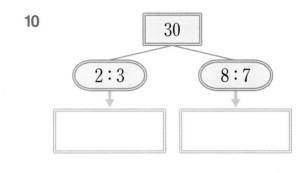

11

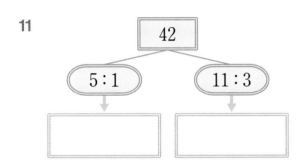

12

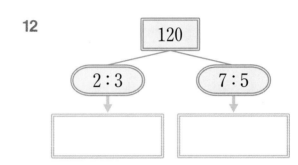

13

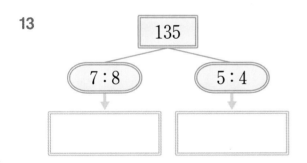

14

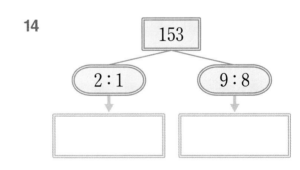

15

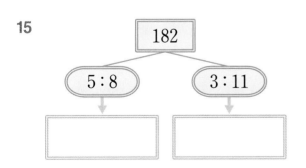

16

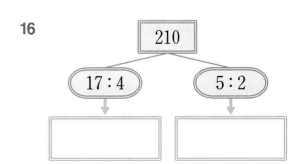

✿ 비례식의 성질을 이용하여 ★에 알맞은 수를 구하시오.

1
$$8 : 9 = ★ : 63$$
(   )

2
$$8 : 7 = 72 : ★$$
(   )

3
$$5 : ★ = 35 : 49$$
(   )

4
$$42 : 36 = ★ : 6$$
(   )

5
$$★ : 40 = 11 : 10$$
(   )

6
$$7 : 5 = ★ : 15$$
(   )

7
$$16 : 20 = ★ : 5$$
(   )

8
$$★ : 36 = 3 : 4$$
(   )

9
$$★ : 6 = 25 : 30$$
(   )

10
$$2 : ★ = 10 : 65$$
(   )

11
$$5 : 7 = 40 : ★$$
(   )

12
$$★ : 9 = 96 : 72$$
(   )

※ ( ) 안에 수를 주어진 비로 나누어 (,) 안에 써넣으시오.

13 (33) 4 : 7 ➡ (,)

14 (42) 2 : 5 ➡ (,)

15 (18) 2 : 7 ➡ (,)

16 (35) 3 : 2 ➡ (,)

17 (15) 4 : 1 ➡ (,)

18 (21) 3 : 4 ➡ (,)

19 (44) 6 : 5 ➡ (,)

20 (77) 4 : 3 ➡ (,)

21 (80) 11 : 5 ➡ (,)

22 (96) 7 : 17 ➡ (,)

23 (65) 5 : 8 ➡ (,)

24 (119) 10 : 7 ➡ (,)

당신이 10년 전 사라졌던 카카 박사란 말입니까?

그렇다! 억울한 누명을 쓰고 쫓기던 중 지구로 도망왔지!

이곳에 숨어지내면서 난 누명을 벗으려고 엄청난 노력을 했어!

이제 그만 집으로 돌아가고 싶어! 나의 가족이 보고 싶다고!

그래서 츄츄 왕자의 정보를 해킹했지. 이제 나도 이 우주선을 조정할 수 있어.

그럼 이제 뒤로 물러나 주시지.

박사님이 모르시는 게 있어요.

모르는 거? 그게 뭐지?

박사님의 누명!

그 누명은 이미 5년 전에 벗겨졌습니다.

뭐야!

우리 요원들이 그 사실을 알리려고 박사님을 찾으러 온 우주를 다 뒤졌어요.

나… 난 그것도 모르고

박사님! 가족이 기다리고 있어요. 저랑 함께 고향으로 가요!

흑흑! 고마워.

잘됐다.

모두 집으로 갈 수 있게 됐어.

그럼 모두 안녕.

잘가. 츄츄.

박사님! 이제 출발하겠습니다.

응!

끼끼 끼끼 끼끼

엇! 이게 왜 이러지?

새로운 정보를 입력하세요.

새로운 정보라니? 그게 뭐야?

새로 고친 우주선에는 새 정보가 필요해.

그게 뭐죠?

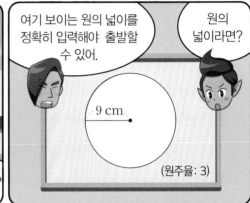

여기 보이는 원의 넓이를 정확히 입력해야 출발할 수 있어.

원의 넓이라면?

9 cm

(원주율: 3)

반지름이 9 cm인 원의 넓이를 구해봐요.

$$(\text{원의 넓이}) = (\text{반지름}) \times (\text{반지름}) \times (\text{원주율})$$
$$= 9 \times 9 \times 3$$
$$= 243 \, (\text{cm}^2)$$

콰 콰 콰

잘가~ 츄츄.

역시 선배는 지구인이 아니었군요! 잘가요. 선배!

학습 내용

- 지름 구하기
- 반지름 구하기
- 원주 구하기
- 원의 넓이 구하기

01 지름, 반지름 구하기

☑ 원주를 이용하여 지름 구하기

• 원주가 18.84 cm일 때 지름 구하기

(원주율: 3.14)

(지름) = (원주) ÷ (원주율)

$= 18.84 ÷ 3.14$

$= 6 \,(cm)$

(원주율) = (원주) ÷ (지름)

(지름) = (원주) ÷ (원주율)

☑ 원주를 이용하여 반지름 구하기

• 원주가 12.4 cm일 때 반지름 구하기

(원주율: 3.1)

(반지름) = (원주) ÷ (원주율) ÷ 2

$= 12.4 ÷ 3.1 ÷ 2$

$= 2 \,(cm)$

(반지름) = (지름) ÷ 2

➡ (반지름) = (원주) ÷ (원주율) ÷ 2

➡ (지름)

✿ 원주와 원주율이 다음과 같을 때 지름 또는 반지름을 구하시오.

1

원주: 31 cm

원주율: 3.1

2
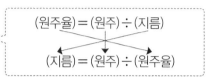

원주: 18 cm

원주율: 3

3
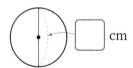

원주: 24.8 cm

원주율: 3.1

4
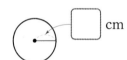

원주: 54 cm

원주율: 3

5
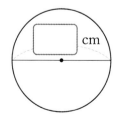

원주: 43.4 cm

원주율: 3.1

6
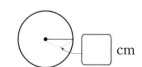

원주: 24 cm

원주율: 3

✿ 정사각형 모양 상자에 원 모양의 피자를 넣어 포장하려고 합니다. 상자의 한 변은 적어도 몇 cm보다 길어야 하는지 알아보시오. (원주율: 3)

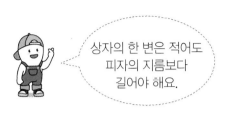

상자의 한 변은 적어도 피자의 지름보다 길어야 해요.

7

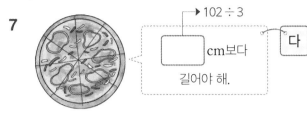

▸102 ÷ 3

　cm보다 길어야 해. **다**

원주: 102 cm

8

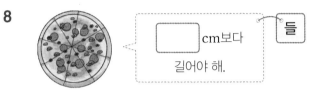

　cm보다 길어야 해. **들**

원주: 84 cm

9

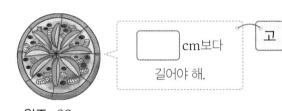

　cm보다 길어야 해. **고**

원주: 93 cm

10

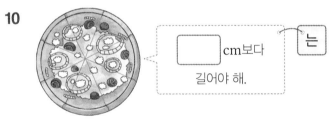

　cm보다 길어야 해. **는**

원주: 111 cm

11

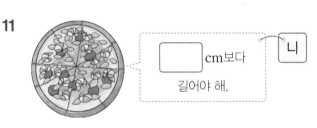

　cm보다 길어야 해. **니**

원주: 105 cm

12

　cm보다 길어야 해. **산**

원주: 117 cm

13

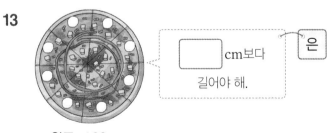

　cm보다 길어야 해. **은**

원주: 123 cm

계산 결과가 작은 것의 글자부터 차례로 써넣어 만든 수수께끼의 답은 무엇일까요?

수수께끼

							?

◎ 지름을 이용하여 원주 구하기

> (원주) = (지름) × (원주율)

· 지름이 10 cm일 때 원주 구하기 (원주율: 3.1)

(원주) = (지름) × (원주율)
$$= 10 × 3.1 = 31 \,(cm)$$

· 반지름이 4 cm일 때 원주 구하기 (원주율: 3)

(원주) = (반지름) × 2 × (원주율)
$$= 4 × 2 × 3 = 24 \,(cm)$$

✿ 원주를 구하시오.

1

  원주율: 3

6 cm

$$(원주) = \boxed{} × 3 = \boxed{} \,(cm)$$

2

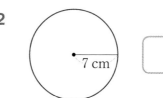 원주율: 3

7 cm

$$(원주) = \boxed{} × 2 × \boxed{} = \boxed{} \,(cm)$$

3

  원주율: 3.1

9 cm

_____ cm

4

  원주율: 3

5 cm

_____ cm

5

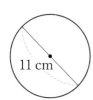 원주율: 3.14

11 cm

_____ cm

6

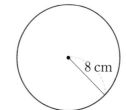 원주율: 3.14

8 cm

_____ cm

✿ 지예와 친구들이 가지고 있는 자전거는 바퀴의 크기가 서로 다릅니다. 자전거 바퀴의 원주를 구하시오.

(원주율: 3.1)

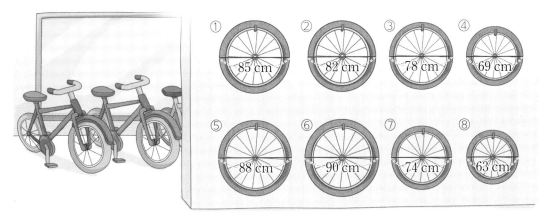

7  지예

내 자전거 바퀴는 ⑧번이고
원주는 [　　　　　] cm야.
　　　　　　→ 63 × 3.1

8  호준

내 자전거 바퀴는 ⑤번이고
원주는 [　　　　　] cm야.

9  세경

내 자전거 바퀴는 ④번이고
원주는 [　　　　　] cm야.

10  재한

내 자전거 바퀴는 ⑦번이고
원주는 [　　　　　] cm야.

11  지은

내 자전거 바퀴는 ②번이고
원주는 [　　　　　] cm야.

12  해영

내 자전거 바퀴는 ③번이고
원주는 [　　　　　] cm야.

13  소희

내 자전거 바퀴는 ①번이고
원주는 [　　　　　] cm야.

14  수현

내 자전거 바퀴는 ⑥번이고
원주는 [　　　　　] cm야.

 **원의 넓이 구하기**

⊙ **원의 넓이**

• 반지름이 2 cm인 원의 넓이 구하기 (원주율: 3.1)

(원의 넓이)
= **(반지름) × (반지름) × (원주율)**
$= 2 \times 2 \times 3.1 = 12.4 \,(\text{cm}^2)$

(원의 넓이)
= (원주) × $\frac{1}{2}$ × (반지름)
= (지름) × (원주율) × $\frac{1}{2}$ × (반지름)
= (반지름) × (반지름) × (원주율)

❀ 원의 넓이를 구하시오.

1

 3 cm

원주율: 3

(원의 넓이)
$= \boxed{} \times \boxed{} \times 3 = \boxed{} \,(\text{cm}^2)$

2

5 cm

원주율: 3.1

(원의 넓이)
$= \boxed{} \times \boxed{} \times 3.1 = \boxed{} \,(\text{cm}^2)$

3

 6 cm

원주율: 3.1

_____ cm^2

4

7 cm

원주율: 3.14

_____ cm^2

5

10 cm

원주율: 3

_____ cm^2

6

14 cm

원주율: 3.1

_____ cm^2

❀ 재한이 어머니께서 여러 가지 전을 만드셨습니다. 종류별 전 한 개의 넓이를 각각 알아보시오. (원주율: 3.14)

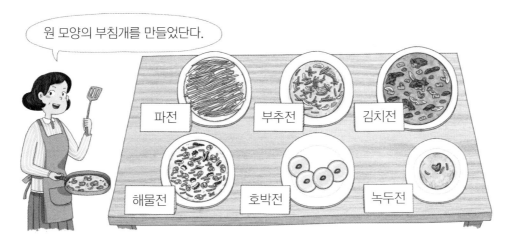

원 모양의 부침개를 만들었단다.

파전　부추전　김치전

해물전　호박전　녹두전

7 | 파전: 반지름 11 cm | 어 |

$$11 \times 11 \times 3.14 = \boxed{}$$

식 _____

답 _____ cm²

8 | 부추전: 지름 18 cm | 새 |

↳ (반지름) = 18 ÷ 2 = 9 (cm)

식 _____

답 _____ cm²

9 | 김치전: 반지름 14 cm | 오 |

식 _____

답 _____ cm²

10 | 해물전: 지름 24 cm | 징 |

식 _____

답 _____ cm²

11 | 호박전: 반지름 3 cm | 굴 |

식 _____

답 _____ cm²

12 | 녹두전: 지름 16 cm | 우 |

식 _____

답 _____ cm²

넓이가 넓은 것의 글자부터 차례로 쓰면
재한이가 좋아하는 전을 알 수 있는 힌트가 돼요.
재한이가 좋아하는 전은 무엇일까요?

힌트는 ☐☐☐ , ☐ , ☐ 입니다.

❄ 지름과 반지름을 각각 구하시오. (원주율: 3.14)

1 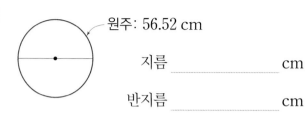 원주: 56.52 cm

지름 _____ cm

반지름 _____ cm

2 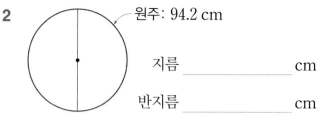 원주: 94.2 cm

지름 _____ cm

반지름 _____ cm

3 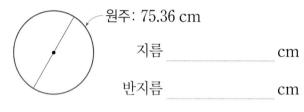 원주: 75.36 cm

지름 _____ cm

반지름 _____ cm

4 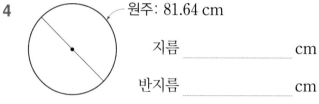 원주: 81.64 cm

지름 _____ cm

반지름 _____ cm

❄ 원주를 구하시오. (원주율: 3.1)

5 13 cm

_____ cm

6  7.5 cm

_____ cm

7 16 cm

_____ cm

8 11.5 cm

_____ cm

9 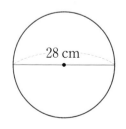 28 cm

_____ cm

10 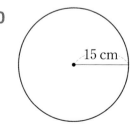 15 cm

_____ cm

❋ 원의 넓이를 구하시오. (원주율: 3)

11
4 cm

_____ cm²

12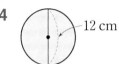
10 cm　→ (반지름) = 10 ÷ 2 = 5 (cm)

_____ cm²

13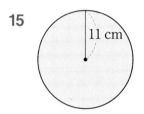
7 cm

_____ cm²

14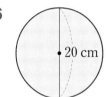
12 cm

_____ cm²

15
11 cm

_____ cm²

16
20 cm

_____ cm²

17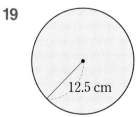
8.5 cm

_____ cm²

18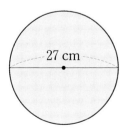
19 cm

_____ cm²

19
12.5 cm

_____ cm²

20
27 cm

_____ cm²

✿ 지름이나 반지름을 구하시오.

1

원주 (cm)	원주율	지름 (cm)
27	3	
36	3	

2

원주 (cm)	원주율	반지름 (cm)
42	3	
39	3	

3

원주 (cm)	원주율	지름 (cm)
40.3	3.1	
55.8	3.1	

4

원주 (cm)	원주율	반지름 (cm)
18.6	3.1	
49.6	3.1	

5

원주 (cm)	원주율	지름 (cm)
37.68	3.14	
59.66	3.14	

6

원주 (cm)	원주율	반지름 (cm)
75.36	3.14	
56.52	3.14	

7

원주 (cm)	원주율	지름 (cm)
65.1	3.1	
86.8	3.1	

8

원주 (cm)	원주율	반지름 (cm)
130.2	3.1	
108.5	3.1	

✽ 원의 넓이를 구하시오.

9

반지름 (cm)	원주율	원의 넓이 (cm^2)
4	3	
9	3	

10

지름 (cm)	원주율	원의 넓이 (cm^2)
8	3	
16	3	

11

반지름 (cm)	원주율	원의 넓이 (cm^2)
10	3.1	
16	3.1	

12

지름 (cm)	원주율	원의 넓이 (cm^2)
14	3.1	
40	3.1	

13

반지름 (cm)	원주율	원의 넓이 (cm^2)
5	3.14	
7	3.14	

14

지름 (cm)	원주율	원의 넓이 (cm^2)
20	3.14	
30	3.14	

15

반지름 (cm)	원주율	원의 넓이 (cm^2)
6	3.1	
13	3.1	

16

지름 (cm)	원주율	원의 넓이 (cm^2)
9	3.14	
11	3.14	

📝 **순환소수를 분수로 고쳐서 분수의 나눗셈 하기**

0.33333……, 0.636363……과 같이 소수점 아래에 같은 숫자가 끝없이 반복되는
소수를 순환소수라고 해요.

순환소수를 분수로 고쳐 볼까요?

· 0.33333……

└─→ 반복되는 숫자 3, 한 개

분자는 반복되는 숫자 3을 써요.

➡ $0.33333\cdots\cdots = \dfrac{3}{9}$

반복되는 숫자가 한 개
이니까 분모는 9를 써요.

· 0.636363……

└─→ 반복되는 숫자 63, 두 개

분자는 반복되는 숫자 63을 써요.

➡ $0.636363\cdots\cdots = \dfrac{63}{99}$

반복되는 숫자가 두 개
이니까 분모는 99를 써요.

$$(\text{순환소수}) = \dfrac{(\text{반복되는 숫자})}{(\text{반복되는 숫자의 개수만큼 } 9 \text{ 쓰기})}$$

이번에는 순환소수를 분수로 고쳐서 나눗셈을 해 볼까요?

$$0.181818\cdots\cdots \div \dfrac{4}{55} = \dfrac{18}{99} \div \dfrac{4}{55} = \dfrac{18}{99} \times \dfrac{55}{4} = 2\dfrac{1}{2}$$

반복되는 숫자: 18 ➡ 분자 18
반복되는 숫자의 개수: 두 개 ➡ 분모 99

🎯 **같은 방법으로 순환소수를 분수로 고쳐서 나눗셈을 해 볼까요?**

1 $0.8888\cdots\cdots \div \dfrac{16}{45}$

2 $0.757575\cdots\cdots \div \dfrac{15}{22}$

똑똑한 하루

빅터 연산

정답 및
풀이

6B
초등 6 수준

천재교육

정답 및 풀이

1 분수의 나눗셈 (1)

01 분모가 같은 (진분수)÷(단위분수) 8~9쪽

1. 3	2. 5	3. 7
4. 13	5. 8	6. 15
7. 17	8. 19	9. 21
10. 23	11. 17	12. 13
13. 4	14. 2	15. 5
16. 11	17. 8	18. 3
19. 20		

수수께끼 겨울에 많이 쓰는 끈은 ; 따끈따끈

02 분모가 같은 (진분수)÷(진분수)(1) 10~11쪽

1. 8, 2	2. 2, 3	3. 9, 3, 3
4. 12, 4, 3	5. 8, 2, 4	6. 15, 5, 3
7. 2	8. 5	9. 5
10. 4	11. 9, 9	12. 5, 5

13. $\dfrac{32}{35} \div \dfrac{4}{35} = 8 \div 8$

14. $\dfrac{25}{26} \div \dfrac{5}{26} = 5 \div 5$

15. $\dfrac{20}{27} \div \dfrac{10}{27} = 2 \div 2$

16. $\dfrac{14}{15} \div \dfrac{7}{15} = 2 \div 2$

$\dfrac{6}{7} \div \dfrac{3}{7} = 6 \div 3 = 2$

$\dfrac{10}{13} \div \dfrac{2}{13} = 10 \div 2 = 5$

$\dfrac{15}{16} \div \dfrac{3}{16} = 15 \div 3 = 5$

$\dfrac{16}{19} \div \dfrac{4}{19} = 16 \div 4 = 4$

03 분모가 같은 (진분수)÷(진분수)(2) 12~13쪽

1. $9, 5 ; 1\dfrac{4}{5}$ 2. $7, 5 ; 1\dfrac{2}{5}$

3. $7, 7 ; 2\dfrac{1}{7}$ 4. $16, 16 ; 1\dfrac{7}{9}$

5. $16, 16, 5 ; 3\dfrac{1}{5}$ 6. $7, 25, 7 ; 3\dfrac{4}{7}$

7. $1\dfrac{2}{7}$ 8. $2\dfrac{1}{6}$ 9. $5\dfrac{1}{3}$ 10. $1\dfrac{2}{3}$

11. $48, 6\dfrac{6}{7} ; 6\dfrac{6}{7}$ 12. $48, 5\dfrac{1}{3} ; 5\dfrac{1}{3}$

13. $48, 3\dfrac{3}{7} ; 3\dfrac{3}{7}$ 14. $48, 13 ; 3\dfrac{9}{13} ; 3\dfrac{9}{13}$

15. $48, 17 ; 2\dfrac{14}{17} ; 2\dfrac{14}{17}$

수호

04 분모가 다른 (진분수)÷(진분수)(1) 14~15쪽

1. $5, 6, \dfrac{5}{6}$ 2. $7, 7, 21, 20, 21, \dfrac{20}{21}$

3. $\dfrac{16}{45}$ 4. $\dfrac{14}{15}$ 5. $1\dfrac{1}{14}$

6. $\dfrac{9}{10}$ 7. $3\dfrac{3}{20}$ 8. $1\dfrac{1}{20}$

9. $2\dfrac{1}{2}$ 10. $2\dfrac{2}{5}$ 11. $1\dfrac{1}{3}$

12. $\dfrac{4}{7}$ 13. $\dfrac{5}{8}$ 14. $1\dfrac{1}{5}$

15. $1\dfrac{5}{6}$ 16. $\dfrac{15}{17}$ 17. $\dfrac{60}{77}$

18. $1\dfrac{4}{11}$

; 갯벌

수 $\dfrac{4}{7}$	미 $\dfrac{5}{8}$	힘 $\dfrac{15}{17}$	박 $\dfrac{60}{77}$
관 $2\dfrac{1}{2}$	벌 $2\dfrac{3}{5}$	영 $2\dfrac{2}{5}$	체 $1\dfrac{1}{3}$
갯 $1\dfrac{1}{6}$	장 $1\dfrac{5}{6}$	족 $1\dfrac{4}{11}$	물 $1\dfrac{1}{5}$

05 분모가 다른 (진분수)÷(진분수)(2)　16~17쪽

1. 5, 3, 5, 6　　　　**2.** 3, 2, 9, 8, $1\frac{1}{8}$

3. $\frac{54}{55}$　　**4.** $\frac{35}{48}$　　**5.** $\frac{16}{21}$

6. $1\frac{5}{27}$　　**7.** 3　　**8.** $1\frac{3}{23}$

9. $1\frac{11}{24}$　　**10.** $\frac{6}{7}$　　**11.** 노에 ◯표

12. 적에 ◯표　**13.** 성에 ◯표　**14.** 해에 ◯표

노적성해

11. $\frac{3}{5}÷\frac{5}{6}=\frac{18}{25}$, $\frac{2}{5}÷\frac{3}{8}=1\frac{1}{15}$, $\frac{1}{8}÷\frac{2}{3}=\frac{3}{16}$

12. $\frac{2}{3}÷\frac{3}{5}=1\frac{1}{9}$, $\frac{4}{21}÷\frac{3}{4}=\frac{16}{63}$, $\frac{3}{4}÷\frac{5}{6}=\frac{9}{10}$

13. $\frac{5}{6}÷\frac{3}{7}=1\frac{17}{18}$, $\frac{5}{12}÷\frac{7}{9}=\frac{15}{28}$, $\frac{14}{15}÷\frac{8}{21}=2\frac{9}{20}$

14. $\frac{5}{22}÷\frac{5}{11}=\frac{1}{2}$, $\frac{9}{10}÷\frac{3}{8}=2\frac{2}{5}$, $\frac{3}{5}÷\frac{7}{15}=1\frac{2}{7}$

06 (자연수)÷(단위분수)　18~19쪽

1. 6　　　　　　**2.** 5, 20
3. 4, 8　　　　　**4.** 3, 15
5. 3, 18　　　　**6.** 2, 14
7. 8, 6, 48　　　**8.** 9, 7, 63
9. 1, 10, 10　　**10.** 11, 8, 88
11. 56　　　　　**12.** 60
13. 80　　　　　**14.** 45
15. 70　　　　　**16.** 32
17. 78　　　　　**18.** 110
19. 108　　　　**20.** 84
21. 104

연상퀴즈　여성, 삼일절, 독립 만세 운동 ; 유관순

07 (자연수)÷(진분수)(1)　20~21쪽

1. 5, 10　　**2.** 7, 21　　**3.** 4, 5, 10
4. 3, 14, 42　**5.** 64　　　**6.** 51
7. 20　　　　**8.** 33　　　**9.** 20
10. 42　　　**11.** 15, 15

12. $6÷\frac{3}{8}=16$; 16　　**13.** $6÷\frac{2}{7}=21$; 21

14. $6÷\frac{2}{9}=27$; 27　　**15.** $6÷\frac{3}{10}=20$; 20

16. $6÷\frac{3}{5}=10$; 10

베이글

08 (자연수)÷(진분수)(2)　22~23쪽

1. 4, 3, 20, 3, $6\frac{2}{3}$　　**2.** 8, 5, 16, 5, $3\frac{1}{5}$

3. $6\frac{3}{5}$　　**4.** $15\frac{3}{4}$　　**5.** $10\frac{1}{2}$

6. $3\frac{3}{4}$　　**7.** $7\frac{1}{2}$　　**8.** $10\frac{1}{2}$

9. $11\frac{3}{7}$　　**10.** $9\frac{3}{5}$

11.

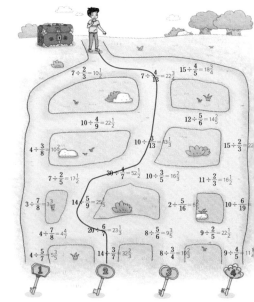

2번 열쇠

09 (자연수)÷(가분수) 24~25쪽

1. 5, 11, 10, 11

2. 2, 7, 8, 7, $1\frac{1}{7}$

3. $2\frac{7}{10}$

4. $4\frac{2}{3}$

5. $3\frac{3}{13}$

6. $5\frac{1}{3}$

7. $8\frac{1}{3}$

8. 12

9. $13\frac{1}{2}$

10. $13\frac{1}{5}$

11. 5

12. $3\frac{1}{9}$

13. $3\frac{6}{7}$

14. $3\frac{1}{2}$

15. $10\frac{2}{7}$

16. $1\frac{3}{5}$

17. 10

18. 6

19. $1\frac{3}{4}$

SUNFLOWER ; 해바라기

$$3 \div \frac{10}{9} = 3 \times \frac{9}{10} = \frac{27}{10} = 2\frac{7}{10}$$

$$6 \div \frac{9}{7} = \overset{2}{\cancel{6}} \times \frac{7}{\underset{3}{\cancel{9}}} = \frac{14}{3} = 4\frac{2}{3}$$

$$7 \div \frac{13}{6} = 7 \times \frac{6}{13} = \frac{42}{13} = 3\frac{3}{13}$$

$$8 \div \frac{3}{2} = 8 \times \frac{2}{3} = \frac{16}{3} = 5\frac{1}{3}$$

$$10 \div \frac{6}{5} = \overset{5}{\cancel{10}} \times \frac{5}{\underset{3}{\cancel{6}}} = \frac{25}{3} = 8\frac{1}{3}$$

$$15 \div \frac{5}{4} = \overset{3}{\cancel{15}} \times \frac{4}{\underset{1}{\cancel{5}}} = 12$$

$$21 \div \frac{14}{9} = \overset{3}{\cancel{21}} \times \frac{9}{\underset{2}{\cancel{14}}} = \frac{27}{2} = 13\frac{1}{2}$$

$$24 \div \frac{20}{11} = \overset{6}{\cancel{24}} \times \frac{11}{\underset{5}{\cancel{20}}} = \frac{66}{5} = 13\frac{1}{5}$$

10 집중 연산 Ⓐ 26~27쪽

1. (위부터) 21, $1\frac{1}{3}$

2. (위부터) 16, 14, $4\frac{1}{2}$

3. (위부터) 4, 2, 2

4. (위부터) 2, $1\frac{1}{11}$, $\frac{2}{3}$

5. (위부터) $1\frac{13}{32}$, 3, $\frac{8}{9}$

6. (위부터) 4, 8, 3

7. 50, 14

8. 2, 2

9. $1\frac{1}{3}$, $\frac{3}{4}$

10. 84, 12

11. 56, 72

12. $1\frac{2}{3}$, $2\frac{1}{3}$

13. $\frac{24}{35}$, $\frac{6}{11}$

14. $7\frac{1}{2}$, 10

11 집중 연산 Ⓑ 28~29쪽

1. 6

2. 63

3. 60

4. 48

5. 7

6. 2

7. 8

8. 33

9. $1\frac{4}{5}$

10. 3

11. $1\frac{4}{9}$

12. $\frac{4}{5}$

13. $1\frac{1}{9}$

14. $\frac{2}{3}$

15. $\frac{44}{81}$

16. $1\frac{1}{32}$

17. $\frac{13}{14}$

18. $1\frac{13}{36}$

19. $\frac{16}{21}$

20. $1\frac{17}{48}$

21. $8\frac{4}{5}$

22. 18

23. $22\frac{3}{4}$

24. 25

25. $3\frac{3}{7}$

26. $9\frac{4}{9}$

27. 12

28. 30

2　분수의 나눗셈 (2)

01 (가분수)÷(가분수)　**32~33**쪽

1. 3, 21　　2. 5, 5　　3. $1\frac{1}{35}$

4. $1\frac{1}{8}$　　5. $1\frac{3}{4}$　　6. $1\frac{1}{15}$

7. $\frac{13}{22}$　　8. $\frac{24}{25}$　　9. $\frac{5}{6}$

10. $1\frac{8}{55}$　　11. $1\frac{1}{5}$　　12. $1\frac{1}{2}$

13. $1\frac{11}{34}$　　14. $1\frac{1}{10}$　　15. $\frac{20}{21}$

16. $\frac{8}{9}$　　17. $\frac{1}{4}$　　18. $1\frac{5}{13}$

19. $1\frac{1}{12}$　　20. $\frac{26}{27}$　　21. $1\frac{1}{9}$

$\frac{1}{4}$	$\frac{8}{9}$	$\frac{20}{21}$
$\frac{1}{11}$	$\frac{8}{13}$	$\frac{26}{27}$
$1\frac{1}{2}$	$1\frac{1}{5}$	$1\frac{1}{9}$
$1\frac{1}{8}$	$1\frac{1}{11}$	$1\frac{1}{10}$
$1\frac{1}{12}$	$1\frac{5}{13}$	$1\frac{11}{34}$

; 3

6. $\dfrac{8}{7} \div \dfrac{15}{14} = \dfrac{8}{\cancel{7}_{1}} \times \dfrac{\cancel{14}^{2}}{15} = \dfrac{16}{15} = 1\dfrac{1}{15}$

7. $\dfrac{13}{10} \div \dfrac{11}{5} = \dfrac{13}{\cancel{10}_{2}} \times \dfrac{\cancel{5}^{1}}{11} = \dfrac{13}{22}$

8. $\dfrac{16}{15} \div \dfrac{10}{9} = \dfrac{\cancel{16}^{8}}{\cancel{15}_{5}} \times \dfrac{\cancel{9}^{3}}{\cancel{10}_{5}} = \dfrac{24}{25}$

9. $\dfrac{15}{8} \div \dfrac{9}{4} = \dfrac{\cancel{15}^{5}}{\cancel{8}_{2}} \times \dfrac{\cancel{4}^{1}}{\cancel{9}_{3}} = \dfrac{5}{6}$

10. $\dfrac{18}{11} \div \dfrac{10}{7} = \dfrac{\cancel{18}^{9}}{11} \times \dfrac{7}{\cancel{10}_{5}} = \dfrac{63}{55} = 1\dfrac{8}{55}$

02 (대분수)÷(진분수)　**34~35**쪽

1. 9, 9, 7, 21, $2\frac{5}{8}$　　2. $1\frac{7}{9}$

3. $1\frac{13}{14}$　　4. $4\frac{5}{7}$　　5. $3\frac{1}{5}$

6. $5\frac{13}{15}$　　7. 3　　8. $2\frac{4}{15}$

9. 6　　10. 5　　11. $4\frac{3}{8}$; 5

12. $3\dfrac{1}{8} \div \dfrac{15}{16} = 3\dfrac{1}{3}$; 4

13. $3\dfrac{1}{8} \div \dfrac{3}{5} = 5\dfrac{5}{24}$; 6

14. $3\dfrac{1}{8} \div \dfrac{9}{10} = 3\dfrac{17}{36}$; 4

15. $3\dfrac{1}{8} \div \dfrac{5}{6} = 3\dfrac{3}{4}$; 4

03 (진분수)÷(대분수)　**36~37**쪽

1. 13, 13, $\frac{24}{65}$　　2. 14, 14, 9

3. $\frac{25}{108}$　　4. $\frac{4}{5}$　　5. $\frac{3}{20}$

6. $\frac{9}{40}$　　7. $\frac{1}{2}$　　8. $\frac{2}{7}$

9. $\frac{35}{88}$　　10. $\frac{15}{32}$　　11. $\frac{2}{21}$

12. $\frac{1}{6}$　　13. $\frac{1}{15}$　　14. $\frac{7}{58}$

15. $\frac{3}{5}$　　16. $\frac{3}{10}$　　17. $\frac{1}{4}$

18. $\frac{1}{2}$

수수께끼 세상에서 가장 빠른 닭은? ; 후다닥

04 (대분수)÷(가분수) 38~39쪽

1. 5, 27, 20, $1\frac{7}{20}$　　　2. 17, 17, 9, 3

3. $2\frac{1}{7}$　　4. $1\frac{4}{5}$　　5. $2\frac{1}{4}$

6. $\frac{3}{4}$　　7. $1\frac{1}{9}$　　8. $1\frac{24}{25}$

9. $\frac{10}{21}$　　10. $1\frac{1}{4}$　　11. $\frac{25}{32}$

12. $1\frac{24}{25}$　　13. $\frac{5}{6}$　　14. $1\frac{1}{8}$

15. $1\frac{11}{45}$　　16. $\frac{40}{49}$　　17. $1\frac{9}{20}$

18. $\frac{5}{8}$　　19. $1\frac{1}{2}$　　20. $4\frac{1}{5}$

05 (가분수)÷(대분수) 40~41쪽

1. 15, 15, 4　　　2. 3, 3, 16, 15, $1\frac{1}{15}$

3. $1\frac{1}{6}$　　4. $\frac{35}{81}$　　5. $\frac{15}{28}$

6. $1\frac{5}{121}$　　7. $\frac{40}{51}$　　8. $\frac{27}{35}$

9. $1\frac{1}{15}$　　10. $\frac{9}{10}$　　11. $1\frac{1}{7}$

12. 2　　13. $\frac{17}{21}$　　14. $2\frac{1}{4}$

15. $\frac{4}{5}$　　16. $1\frac{1}{3}$　　17. $\frac{10}{21}$

18. $\frac{8}{9}$

STRAWBERRY ; 딸기

06 (대분수)÷(대분수) 42~43쪽

1. 5, 25, $1\frac{7}{18}$　　　2. 7, 7, 9, $4\frac{1}{2}$

3. $\frac{72}{77}$　　4. $\frac{9}{10}$　　5. $1\frac{13}{15}$

6. $\frac{1}{2}$　　7. $\frac{16}{21}$　　8. $4\frac{5}{7}$

9. $1\frac{1}{15}$　　10. $1\frac{1}{7}$　　11. $1\frac{1}{8}$, $1\frac{5}{9}$

12. $2\frac{2}{3}$, $1\frac{1}{20}$　　13. $3\frac{3}{8}÷2\frac{2}{5}=1\frac{13}{32}$

14. $1\frac{8}{9}÷2\frac{1}{3}=\frac{17}{21}$　　15. $2\frac{1}{2}÷1\frac{3}{4}=1\frac{3}{7}$

16. $3\frac{1}{9}÷2\frac{1}{3}=1\frac{1}{3}$

민지

07 가분수 또는 대분수가 있는 나눗셈 44~45쪽

1. $1\frac{5}{9}$　　2. $6\frac{3}{4}$　　3. $5\frac{1}{7}$

4. $14\frac{2}{3}$　　5. $\frac{5}{28}$　　6. $\frac{7}{39}$

7. $1\frac{4}{21}$　　8. $1\frac{2}{5}$　　9. $1\frac{1}{9}$

10. $\frac{4}{15}$　　　11. 빈에 ○표

12. 센에 ○표　　13. 트에 ○표

14. 반에 ○표　　15. 고에 ○표

16. 흐에 ○표

빈센트 반 고흐

08 집중 연산 A 46~47쪽

1. (왼쪽부터) $1\frac{1}{2}$, $\frac{24}{35}$
2. (왼쪽부터) $5\frac{3}{5}$, $3\frac{3}{4}$
3. (왼쪽부터) $\frac{7}{12}$, $\frac{7}{10}$
4. (왼쪽부터) $1\frac{11}{25}$, $1\frac{1}{35}$
5. (왼쪽부터) 2, $1\frac{1}{14}$
6. (왼쪽부터) $\frac{6}{11}$, $\frac{12}{25}$
7. (왼쪽부터) 2, $\frac{14}{15}$
8. $\frac{64}{105}$, $\frac{32}{35}$
9. $2\frac{13}{32}$, $2\frac{3}{4}$, $1\frac{5}{6}$
10. $2\frac{1}{3}$, $1\frac{2}{3}$, $\frac{8}{9}$
11. $\frac{7}{12}$, $\frac{5}{24}$, $\frac{5}{66}$
12. $1\frac{13}{35}$, $\frac{4}{5}$, $1\frac{1}{3}$
13. $\frac{25}{42}$, $\frac{25}{54}$, $\frac{1}{9}$

09 집중 연산 B 48~49쪽

1. $1\frac{23}{32}$
2. $1\frac{1}{20}$
3. $1\frac{11}{25}$
4. $\frac{52}{57}$
5. $\frac{1}{4}$
6. $\frac{5}{8}$
7. $8\frac{2}{5}$
8. $5\frac{1}{4}$
9. $4\frac{1}{5}$
10. $7\frac{1}{2}$
11. $\frac{2}{7}$
12. $\frac{11}{36}$
13. $\frac{32}{91}$
14. $\frac{6}{13}$
15. $2\frac{10}{27}$
16. 3
17. $1\frac{1}{9}$
18. $2\frac{3}{4}$
19. $\frac{14}{27}$
20. $\frac{9}{16}$
21. $\frac{2}{3}$
22. $1\frac{13}{27}$
23. $1\frac{1}{20}$
24. $\frac{4}{5}$
25. $\frac{7}{8}$
26. $\frac{3}{4}$
27. $2\frac{2}{3}$
28. $\frac{21}{37}$

3 분수 나눗셈의 혼합 계산

01 (분수)÷(분수)÷(분수) 52~53쪽

1. $\frac{4}{5}$, $\frac{3}{7}$, $\frac{4}{7}$
2. 3, 11, 3, $\frac{6}{11}$, $\frac{3}{22}$
3. $\frac{35}{48}$
4. $4\frac{13}{27}$
5. $1\frac{13}{50}$
6. $1\frac{1}{3}$
7. $\frac{81}{320}$
8. $\frac{9}{56}$
9. $\frac{1}{9}$
10. $\frac{25}{64}$
11. $\frac{24}{25}$
12. $\frac{14}{27}$
13. $\frac{8}{35}$
14. $1\frac{1}{7}$
15. $\frac{27}{40}$
16. $\frac{18}{49}$
17. 1
18. $1\frac{1}{5}$

수수께끼 산타가 싫어하는 면 종류 ; 울면

3. $1\frac{1}{4} \div 2\frac{1}{7} \div \frac{4}{5} = \frac{\overset{1}{\cancel{5}}}{4} \times \frac{7}{15} \times \frac{5}{4} = \frac{35}{48}$

4. $9\frac{1}{6} \div 1\frac{4}{11} \div 1\frac{1}{2} = \frac{\overset{11}{\cancel{55}}}{\underset{3}{\cancel{6}}} \times \frac{11}{\underset{3}{\cancel{15}}} \times \frac{\overset{1}{\cancel{2}}}{3} = \frac{121}{27} = 4\frac{1}{2}$

02 분수와 자연수가 섞여 있는 나눗셈 54~55쪽

1. 3, 3, 8, $\frac{7}{48}$
2. 12, 12, 9, 3, $\frac{9}{10}$
3. $\frac{24}{49}$
4. $\frac{12}{35}$
5. $\frac{9}{50}$
6. $\frac{1}{7}$
7. 10
8. $\frac{1}{2}$
9. 풀이 참조, 나침반

9.

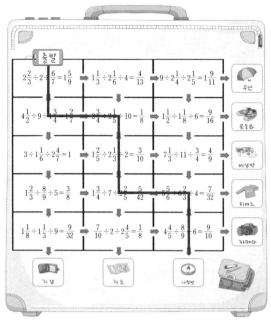

틀린 식을 바르게 계산하면 다음과 같습니다.

- $1\frac{1}{3} \div 2\frac{1}{6} \div 4 = \frac{2}{13}$
- $4\frac{1}{2} \div 9 \div 1\frac{3}{4} = \frac{2}{7}$
- $1\frac{1}{2} \div 1\frac{1}{8} \div 6 = \frac{2}{9}$
- $7\frac{1}{3} \div 11 \div \frac{3}{4} = \frac{8}{9}$
- $1\frac{3}{4} \div 7 \div 2\frac{2}{5} = \frac{5}{48}$
- $1\frac{1}{8} \div 1\frac{1}{3} \div 9 = \frac{3}{32}$

---

03 괄호가 없는
분수 나눗셈의 혼합 계산 (1)　　**56~57**쪽

1. $6, 6, 10, 1, 9, 2, 1\frac{11}{18}$

2. $4\frac{7}{12}$　　　**3.** $4\frac{29}{30}$　　　**4.** $1\frac{34}{49}$

5. $3\frac{5}{8}$　　　**6.** $4\frac{11}{30}$　　　**7.** $4\frac{5}{21}$

8. $1\frac{5}{6}$　　　**9.** $\frac{11}{12}$　　　**10.** $3\frac{3}{10}$

11. $1\frac{23}{24}$　　**12.** $7\frac{5}{12}$　　**13.** $1\frac{9}{20}$

14. $1\frac{7}{9}$　　　**15.** $\frac{13}{14}$　　　**16.** $1\frac{1}{10}$

연상퀴즈 사과, 마녀, 일곱 난쟁이 ; 백설공주

---

04 괄호가 없는
분수 나눗셈의 혼합 계산 (2)　　**58~59**쪽

1. 11, 11, 5, 1, 14, 5, 9

2. $1\frac{1}{9}$　　　**3.** $\frac{4}{7}$　　　**4.** $2\frac{1}{6}$

5. $\frac{2}{63}$　　　**6.** $1\frac{2}{21}$　　　**7.** $\frac{2}{15}$

8. $\frac{1}{6}$　　　**9.** $\frac{9}{20}$　　　**10.** $1\frac{4}{9}$

11. $\frac{44}{45}$　　　**12.** $\frac{32}{35}$　　　**13.** $1\frac{7}{12}$

14. $\frac{1}{2}$　　　**15.** $\frac{1}{3}$　　　**16.** $\frac{1}{8}$

$\frac{1}{2}$	$\frac{1}{4}$	$\frac{1}{6}$	$\frac{1}{9}$
$\frac{1}{3}$	$\frac{1}{5}$	$\frac{1}{8}$	$\frac{1}{10}$
$\frac{9}{20}$	$\frac{32}{35}$	$\frac{44}{45}$	$1\frac{4}{9}$
$1\frac{1}{8}$	$1\frac{7}{10}$	$1\frac{7}{12}$	$1\frac{44}{45}$

; 4

---

05 괄호가 없는
분수 나눗셈의 혼합 계산 (3)　　**60~61**쪽

1. $9, 13, 13, 3\frac{1}{4}$　　　**2.** 13, 13, 13, 13, 1

3. $1\frac{1}{8}$　　　**4.** $\frac{3}{4}$　　　**5.** $3\frac{1}{2}$

6. $\frac{20}{21}$　　　**7.** $4\frac{4}{21}$　　　**8.** $\frac{8}{9}$

9. (왼쪽부터) $3\frac{3}{5}$, $5\frac{5}{7}$, $1\frac{1}{4}$, $1\frac{7}{8}$, $\frac{63}{64}$, $11\frac{1}{4}$

아서 코난 도일

9.

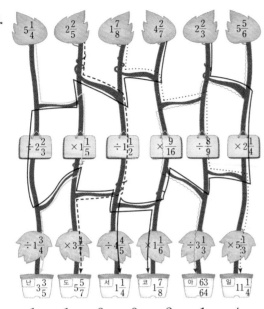

$5\frac{1}{4}$	$2\frac{2}{5}$	$1\frac{7}{8}$	$4\frac{2}{7}$	$2\frac{2}{3}$	$5\frac{5}{6}$

| $\div 2\frac{2}{3}$ | $\times 1\frac{1}{5}$ | $\div 1\frac{1}{2}$ | $\times \frac{9}{16}$ | $\div \frac{8}{9}$ | $\times 2\frac{1}{4}$ |

| $\div 1\frac{3}{4}$ | $\times 3\frac{4}{7}$ | $\div 4\frac{4}{5}$ | $\div 1\frac{1}{6}$ | $\div 3\frac{1}{3}$ | $\times 5\frac{1}{3}$ |

| 난 $3\frac{3}{5}$ | 도 $5\frac{5}{7}$ | 서 $1\frac{1}{4}$ | 코 $1\frac{7}{8}$ | 아 $\frac{63}{64}$ | 일 $11\frac{1}{4}$ |

· $5\frac{1}{4} \times 1\frac{1}{5} \div 1\frac{3}{4} = 3\frac{3}{5}$ · $2\frac{2}{5} \div 1\frac{1}{2} \times 3\frac{4}{7} = 5\frac{5}{7}$

· $2\frac{2}{3} \times 2\frac{1}{4} \div 4\frac{4}{5} = 1\frac{1}{4}$ · $4\frac{2}{7} \div 2\frac{2}{3} \times 1\frac{1}{6} = 1\frac{7}{8}$

· $5\frac{5}{6} \times \frac{9}{16} \div 3\frac{1}{3} = \frac{63}{64}$ · $1\frac{7}{8} \div \frac{8}{9} \times 5\frac{1}{3} = 11\frac{1}{4}$

---

06 괄호가 있는 분수 나눗셈의 혼합 계산 (1) 62~63쪽

1. 6, 3, 11, 11, 8, $2\frac{2}{3}$

2. $\frac{3}{4}$

3. $\frac{7}{12}$

4. $2\frac{1}{2}$

5. $\frac{5}{6}$

6. $1\frac{1}{2}$

7. $3\frac{3}{5}$

8. $2\frac{10}{13}$

9. 9

10. $3\frac{3}{7}$

11. $1\frac{1}{5}$

12. $2\frac{1}{2}$

13. $\frac{12}{25}$

14. $\frac{3}{4}$

15. $\frac{4}{15}$

16. $\frac{7}{12}$

17. $\frac{4}{9}$

; 루비

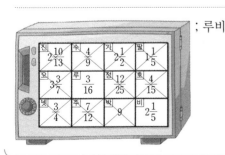

진 $2\frac{10}{13}$	수 $\frac{4}{9}$	개 $2\frac{1}{2}$	필 $1\frac{1}{5}$
와 $3\frac{3}{7}$	루 $\frac{3}{16}$	정 $\frac{12}{25}$	회 $\frac{4}{15}$
넷 $\frac{3}{4}$	쪽 $\frac{7}{12}$	박 $\frac{3}{4}$	비 $2\frac{1}{5}$

---

07 괄호가 있는 분수 나눗셈의 혼합 계산 (2) 64~65쪽

1. 10, 15, 33, 15, $\frac{11}{25}$

2. $\frac{7}{8}$

3. $1\frac{23}{25}$

4. $\frac{9}{10}$

5. $3\frac{1}{9}$

6. $1\frac{31}{35}$

7. $1\frac{5}{6}$

8. 2

9. $\frac{11}{25}$

10. 4

11. $\frac{10}{21}$

12. $\frac{7}{10}$

13. $2\frac{1}{4}$

14. $1\frac{1}{4}$

15. $1\frac{23}{25}$

16. $\frac{9}{10}$

TRAVEL, SEA ; ②

---

08 집중 연산 Ⓐ 66~67쪽

1. $\frac{45}{64}$

2. $\frac{8}{9}$, $1\frac{7}{9}$

3. $\frac{3}{5}$, $\frac{9}{25}$

4. $\frac{1}{15}$, $\frac{7}{72}$

5. $2\frac{13}{25}$, $3\frac{1}{5}$

6. $6\frac{2}{3}$, $4\frac{1}{12}$

7. 5, 3

8. $5\frac{1}{15}$, $3\frac{1}{5}$

9. (위부터) $1\frac{1}{3}$, $1\frac{1}{3}$, $1\frac{1}{8}$

10. (위부터) $1\frac{3}{8}$, $1\frac{3}{8}$, $\frac{15}{22}$, $\frac{15}{22}$, $3\frac{3}{4}$

11. (위부터) $1\frac{2}{9}$, $1\frac{2}{9}$, $\frac{4}{9}$, $\frac{4}{9}$, $1\frac{1}{18}$

12. (위부터) $1\frac{1}{12}$, $1\frac{1}{12}$, $2\frac{2}{15}$, $2\frac{2}{15}$, $1\frac{13}{15}$

13. (위부터) $3\frac{2}{15}$, $3\frac{2}{15}$, $\frac{3}{8}$, $\frac{3}{8}$, $\frac{17}{35}$

14. (위부터) $2\frac{1}{7}$, $2\frac{1}{7}$, $\frac{23}{27}$, $\frac{23}{27}$, $\frac{3}{8}$

09 집중 연산 B 68~69쪽

1. $\dfrac{32}{117}$ 2. $\dfrac{27}{64}$ 3. $\dfrac{9}{13}$

4. $\dfrac{1}{24}$ 5. $\dfrac{5}{36}$ 6. $\dfrac{11}{128}$

7. $2\dfrac{5}{6}$ 8. $\dfrac{26}{63}$ 9. $3\dfrac{11}{105}$

10. $4\dfrac{7}{8}$ 11. $2\dfrac{1}{15}$ 12. $2\dfrac{1}{4}$

13. $\dfrac{8}{9}$ 14. $2\dfrac{6}{7}$ 15. $2\dfrac{26}{27}$

16. $\dfrac{18}{35}$ 17. $1\dfrac{51}{61}$ 18. $1\dfrac{1}{5}$

19. $\dfrac{11}{25}$ 20. $\dfrac{13}{22}$ 21. 2

22. $5\dfrac{1}{4}$ 23. $\dfrac{5}{6}$ 24. $\dfrac{9}{40}$

4 소수의 나눗셈 (1)

01 (소수 한 자리 수) ÷(소수 한 자리 수) (1) 72~73쪽

1.
```
        4
0.4 ) 1.6
      1 6
        0
```

2.
```
        9
0.3 ) 2.7
      2 7
        0
```

3.
```
        5
1.3 ) 6.5
      6 5
        0
```

4.
```
        4
2.1 ) 8.4
      8 4
        0
```

5.
```
          4
2.7 ) 1 0.8
      1 0 8
          0
```

6.
```
          6
3.2 ) 1 9.2
      1 9 2
          0
```

7.
```
          3 8
0.3 ) 1 1.4
        9
        2 4
        2 4
          0
```

8.
```
          1 2
1.2 ) 1 4.4
      1 2
        2 4
        2 4
          0
```

9.
```
          1 1
1.6 ) 1 7.6
      1 6
        1 6
        1 6
          0
```

10. ; 7
```
          7
0.7 ) 4.9
      4 9
        0
```

11. ; 6
```
        6
0.6 ) 3.6
      3 6
        0
```

12. ; 8
```
        8
1.2 ) 9.6
      9 6
        0
```

13. ; 9
```
          9
1.4 ) 1 2.6
      1 2 6
          0
```

14. ; 13
```
          1 3
0.8 ) 1 0.4
        8
        2 4
        2 4
          0
```

15. ; 21
```
          2 1
1.1 ) 2 3.1
        2 2
        1 1
        1 1
          0
```

02 (소수 한 자리 수) ÷(소수 한 자리 수)(2)   **74~75**쪽

1. 6, 4
2. 36, 12, 3
3. 56, 8, 7
4. 42, 14, 3
5. 9
6. 9
7. 5
8. 4
9. 12
10. 14
11. 5, 5
12. 2, 9
13. 7, 6
14. 4, 4
15. 11, 11
16. 11, 8

연상퀴즈 하얼빈, 저격, 독립운동가에 ○표 ; 안중근

03 (소수 두 자리 수) ÷(소수 두 자리 수)(1)   **76~77**쪽

1.
```
              3
0.1 3 ) 0.3 9
          3 9
              0
```

2.
```
              4
0.0 6 ) 0.2 4
          2 4
              0
```

3.
```
              4
0.1 2 ) 0.4 8
          4 8
              0
```

4.
```
              8
0.4 6 ) 3.6 8
          3 6 8
              0
```

5.
```
              5
0.4 7 ) 2.3 5
          2 3 5
              0
```

6.
```
                8
1.5 6 ) 1 2.4 8
          1 2 4 8
                0
```

7.
```
              1 2
0.2 7 ) 3.2 4
          2 7
            5 4
            5 4
              0
```

8.
```
              1 1
0.1 8 ) 1.9 8
          1 8
            1 8
            1 8
              0
```

9.
```
                1 3
1.1 4 ) 1 4.8 2
          1 1 4
            3 4 2
            3 4 2
                0
```

10.
```
                  8
1.4 3 ) 1 1.4 4
          1 1 4 4
                0
```

11.
```
              7
1.2 5 ) 8.7 5
          8 7 5
              0
```

12.
```
                1 3
1.9 6 ) 2 5.4 8
          1 9 6
            5 8 8
            5 8 8
                0
```

13.

```
            1 1
1.9 5 ) 2 1.4 5
        1 9 5
          1 9 5
          1 9 5
              0
```

14.

```
            1 2
2.4 2 ) 2 9.0 4
        2 4 2
          4 8 4
          4 8 4
              0
```

15.

```
            1 4
3.1 7 ) 4 4.3 8
        3 1 7
        1 2 6 8
        1 2 6 8
              0
```

천문 기상 관측 ; 첨성대

1. 17, 8
2. 565, 5
3. 9, 126, 9, 14
4. 105, 945, 105, 9
5. 4
6. 3
7. 4
8. 4
9. 23
10. 13
11. 21
12. 22
13. 23
14. 11
15. 13
16. 14
17. 17
18. 19
19. 15
20. 16

11	12	13
14	15	16
17	18	19
21	22	23

; ㅂ

1.

```
          8
0.9 ) 7.2
      7 2
        0
```

2.

```
          3
2.1 ) 6.3
      6 3
        0
```

3.

```
            7
3.6 ) 2 5.2
      2 5 2
          0
```

4.

```
            6
0.7 3 ) 4.3 8
        4 3 8
            0
```

5.

```
            8
1.1 2 ) 8.9 6
        8 9 6
            0
```

6.

```
            6
2.5 4 ) 1 5.2 4
        1 5 2 4
              0
```

7.

```
          1 3
1.8 ) 2 3.4
      1 8
        5 4
        5 4
          0
```

8.

```
            1 2
0.4 2 ) 5.0 4
        4 2
          8 4
          8 4
            0
```

9.

```
            1 6
1.1 7 ) 1 8.7 2
        1 1 7
          7 0 2
          7 0 2
              0
```

10. 9
11. 3
12. 12
13. 9
14. 11
15. 12
16. 8
17. 8
18. 3
19. 11

지예	세경	세연	소희	민아
재한	정환	수현	해영	호준

06 (소수 두 자리 수) ÷ (소수 한 자리 수)(1)　82~83쪽

1.
```
        2.1
1.2 0)2.5 2 0
      2 4 0
        1 2 0
        1 2 0
            0
```

2.
```
          2.7
3.2 0)8.6 4 0
        6 4 0
        2 2 4 0
        2 2 4 0
              0
```

3.
```
            2.7
4.3 0)1 1.6 1 0
        8 6 0
        3 0 1 0
        3 0 1 0
              0
```

4.
```
            3.6
5.4 0)1 9.4 4 0
      1 6 2 0
        3 2 4 0
        3 2 4 0
              0
```

5.
```
            3.3
7.5 0)2 4.7 5 0
      2 2 5 0
        2 2 5 0
        2 2 5 0
              0
```

6.
```
            3.7
6.1 0)2 2.5 7 0
      1 8 3 0
        4 2 7 0
        4 2 7 0
              0
```

7. 0.7 ; 0.7

8. 1.92, 0.8 ; 0.8

9. 3.12 ÷ 2.4 = 1.3 ; 1.3

10. 2.88 ÷ 2.4 = 1.2 ; 1.2

11. 2.64 ÷ 2.4 = 1.1 ; 1.1

12. 2.16 ÷ 2.4 = 0.9 ; 0.9

07 (소수 두 자리 수) ÷ (소수 한 자리 수)(2)　84~85쪽

1.
```
        0.8
2.8)2.2 4
    2 2 4
        0
```

2.
```
        0.9
3.1)2.7 9
    2 7 9
        0
```

3.
```
        0.7
2.4)1.6 8
    1 6 8
        0
```

4.
```
        1.3
0.3)0.3 9
    3
      9
      9
      0
```

5.
```
        1.6
0.7)1.1 2
    7
    4 2
    4 2
      0
```

6.
```
        1.8
1.1)1.9 8
    1 1
      8 8
      8 8
        0
```

7.
```
        1.9
3.6)6.8 4
    3 6
    3 2 4
    3 2 4
        0
```

8.
```
        2.2
4.2)9.2 4
    8 4
      8 4
      8 4
        0
```

9.
```
        2.3
5.7)1 3.1 1
    1 1 4
      1 7 1
      1 7 1
          0
```

10. 보에 ◯표

11. 물에 ◯표

12. 방에 ◯표

보물방

08 (소수 세 자리 수) ÷ (소수 두 자리 수)(1) 86~87쪽

1.
```
                2.8
1.26 0)3.52 8 0
       2 5 2 0
       1 0 0 8 0
       1 0 0 8 0
               0
```

2.
```
                2.4
1.18 0)2.83 2 0
       2 3 6 0
         4 7 2 0
         4 7 2 0
               0
```

3.
```
                2.9
1.12 0)3.24 8 0
       2 2 4 0
       1 0 0 8 0
       1 0 0 8 0
               0
```

4.
```
                2.5
1.65 0)4.12 5 0
       3 3 0 0
         8 2 5 0
         8 2 5 0
               0
```

5.
```
                2.4
3.18 0)7.63 2 0
       6 3 6 0
       1 2 7 2 0
       1 2 7 2 0
               0
```

6.
```
                2.1
2.28 0)4.78 8 0
       4 5 6 0
         2 2 8 0
         2 2 8 0
               0
```

7. 1.8 ; 1.8

8. 1.2 ; 1.2

9. 0.8 ; 1.984÷2.48=0.8

10. 1.6 ; 1.984÷1.24=1.6

11. 1.2 ; 1.848÷1.54=1.2

12. 1.4 ; 1.848÷1.32=1.4

13. 3.1 ; 3.596÷1.16=3.1

14. 2.9 ; 3.596÷1.24=2.9

09 (소수 세 자리 수) ÷ (소수 두 자리 수)(2) 88~89쪽

1.
```
            2.3
0.06)0.1 3 8
     1 2
       1 8
       1 8
         0
```

2.
```
            4.2
0.13)0.5 4 6
     5 2
       2 6
       2 6
         0
```

3.
```
            2.7
1.15)3.1 0 5
     2 3 0
       8 0 5
       8 0 5
         0
```

4.
```
            1.6
2.12)3.3 9 2
     2 1 2
     1 2 7 2
     1 2 7 2
           0
```

5.
```
           3.4
2.0 8)7.0 7 2
      6 2 4
        8 3 2
        8 3 2
            0
```

6.
```
           2.4
5.1 6)1 2.3 8 4
      1 0 3 2
        2 0 6 4
        2 0 6 4
              0
```

7.   ; 0.8
```
         0.8
1.1 4)0.9 1 2
      9 1 2
          0
```

8.   ; 0.9
```
         0.9
1.1 4)1.0 2 6
      1 0 2 6
            0
```

9.   ; 1.4
```
         1.4
1.1 4)1.5 9 6
      1 1 4
        4 5 6
        4 5 6
            0
```

10.   ; 1.6
```
         1.6
1.1 4)1.8 2 4
      1 1 4
        6 8 4
        6 8 4
            0
```

11.   ; 2.1
```
         2.1
1.1 4)2.3 9 4
      2 2 8
        1 1 4
        1 1 4
            0
```

12.   ; 1.8
```
         1.8
1.1 4)2.0 5 2
      1 1 4
        9 1 2
        9 1 2
            0
```

10 자릿수가 다른 소수의 나눗셈 **90~91**쪽

1.
```
         1.8
1.3)2.3 4
    1 3
    1 0 4
    1 0 4
        0
```

2.
```
           1.6
1.1 8)1.8 8 8
      1 1 8
        7 0 8
        7 0 8
            0
```

3.
```
         1.6
4.8)7.6 8
    4 8
    2 8 8
    2 8 8
        0
```

4.
```
           2.3
3.2 5)7.4 7 5
      6 5 0
        9 7 5
        9 7 5
            0
```

5.
```
         2.4
7.2)1 7.2 8
    1 4 4
      2 8 8
      2 8 8
          0
```

6.

```
              2 . 6
5 . 1 6 ) 1 3 . 4 1 6
          1 0 3 2
            3 0 9 6
            3 0 9 6
                  0
```

7. 0.4	**8.** 0.3	**9.** 0.5
10. 1.2	**11.** 0.7	**12.** 1.3
13. 0.6	**14.** 0.8	**15.** 1.1
16. 0.9		

수수께끼 새우가 등장하는 드라마 ; 대하드라마

---

11 집중 연산 ⓐ 92~93쪽

1. 4	**2.** (위부터) 4, 6
3. (위부터) 6, 3	**4.** (위부터) 12, 6
5. (위부터) 0.9, 1.4	**6.** (위부터) 2.6, 1.2
7. (위부터) 2.1, 0.8	**8.** (위부터) 1.6, 2.4
9. (위부터) 7, 2	**10.** (위부터) 13, 11, 7
11. (위부터) 7, 11, 14	**12.** (위부터) 1.8, 7, 2.7
13. (위부터) 1.2, 3.2, 2.4	
14. (위부터) 8, 2.8, 4	
15. (위부터) 11.5, 2.1, 9	
16. (위부터) 2.4, 1.6, 1.5	

---

12 집중 연산 ⓑ 94~95쪽

1. 5	**2.** 6	**3.** 6
4. 8	**5.** 11	**6.** 13
7. 0.9	**8.** 1.4	**9.** 1.6
10. 1.8	**11.** 16	**12.** 6
13. 14	**14.** 9	**15.** 9
16. 7	**17.** 15	**18.** 12
19. 1.6	**20.** 2.1	**21.** 3.2
22. 3.2	**23.** 5.4	**24.** 4.1

---

5 소수의 나눗셈 (2)

01 (자연수)÷(소수 한 자리 수)⑴ 98~99쪽

1.
```
          5
0 . 2 ) 1 . 0
        1 0
          0
```

2.
```
          5
1 . 4 ) 7 . 0
        7 0
          0
```

3.
```
          5
1 . 6 ) 8 . 0
        8 0
          0
```

4.
```
          4
2 . 5 ) 1 0 . 0
        1 0 0
            0
```

5.
```
          5
2 . 8 ) 1 4 . 0
        1 4 0
            0
```

6.
```
          6
3 . 5 ) 2 1 . 0
        2 1 0
            0
```

7.
```
          1 5
5 . 8 ) 8 7 . 0
        5 8
        2 9 0
        2 9 0
            0
```

8.
```
          1 5
3 . 2 ) 4 8 . 0
        3 2
        1 6 0
        1 6 0
            0
```

9.
```
          3 8
1 . 5 ) 5 7 . 0
        4 5
        1 2 0
        1 2 0
            0
```

10. 5	**11.** 4	**12.** 8
13. 34	**14.** 25	**15.** 24
16. 15	**17.** 25	**18.** 54
19. 35	**20.** 42	**21.** 32

권토중래

02 (자연수)÷(소수 한 자리 수)(2) 100~101쪽

1. 12, 5 **2.** 24, 120, 24, 5
3. 6 **4.** 15 **5.** 10
6. 5 **7.** 5 **8.** 15
9. 15 **10.** 15 **11.** 8
12. 2 **13.** 5 **14.** 4
15. 12 **16.** 35 **17.** 25
18. 28 **19.** 14 **20.** 16
21. 32

; 71

2	4	5	7	8
12	13	14	15	16
22	24	25	27	28
30	31	32	34	35

03 (자연수)÷(소수 두 자리 수)(1) 102~103쪽

1.
```
          8
0.7 5)6.0 0
      6 0 0
          0
```

2.
```
            4
4.2 5)1 7.0 0
      1 7 0 0
            0
```

3.
```
          2 5
0.3 6)9.0 0
      7 2
      1 8 0
      1 8 0
          0
```

4.
```
            2 5
1.6 8)4 2.0 0
      3 3 6
        8 4 0
        8 4 0
            0
```

5.
```
            1 2
1.2 5)1 5.0 0
      1 2 5
        2 5 0
        2 5 0
            0
```

6.
```
            2 5
2.3 6)5 9.0 0
      4 7 2
      1 1 8 0
      1 1 8 0
            0
```

7.
```
            5 0
1.6 8)8 4.0 0
      8 4 0
            0
```

8.
```
            2 0
1.7 5)3 5.0 0
      3 5 0
            0
```

9.
```
            1 2
2.2 5)2 7.0 0
      2 2 5
        4 5 0
        4 5 0
            0
```

10.
```
          2 4
1.2 5 ) 3 0 . 0 0
        2 5 0
          5 0 0
          5 0 0
              0
```

11.
```
          2 5
1.2 8 ) 3 2 . 0 0
        2 5 6
          6 4 0
          6 4 0
              0
```

12.
```
          2 8
2.7 5 ) 7 7 . 0 0
        5 5 0
        2 2 0 0
        2 2 0 0
              0
```

FLOWER : ①

---

05 집중 연산 A　106~107쪽

1. (위부터) 25, 15　　**2.** (위부터) 25, 50
3. (위부터) 15, 20　　**4.** (위부터) 16, 24
5. (위부터) 8, 12　　　**6.** (위부터) 24, 12
7. (위부터) 5, 15　　　**8.** (위부터) 12, 16

9.
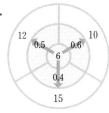

10.

11.
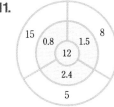

12.
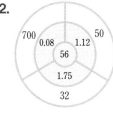

13.
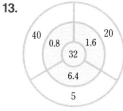

14.
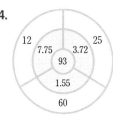

---

04 (자연수)÷(소수 두 자리 수)(2)　104~105쪽

1. 800, 800, 25　　　　2. 72, 72, 25
3. 20　　4. 50　　5. 28
6. 16　　7. 50　　8. 4
9. 16　　10. 20　　11. 4
12. 50　　13. 20　　14. 25
15. 40　　16. 8　　17. 250
18. 28　　19. 260　　20. 700

수수께끼 목수도 고칠 수 없는 집은? : 고집

---

06 집중 연산 B　108~109쪽

1. 15　　2. 8　　3. 15
4. 25　　5. 12　　6. 36
7. 20　　8. 25　　9. 25
10. 25　　11. 15　　12. 16
13. 8　　14. 4　　15. 16
16. 24　　17. 12　　18. 25
19. 25　　20. 25　　21. 15
22. 48　　23. 30　　24. 48

정답 및 풀이

6 소수의 나눗셈(3)

01 나누어떨어지지 않는 (자연수)÷(자연수) **112~113**쪽

1. 풀이 참조, 0.7 　　**2.** 풀이 참조, 0.4

3. 풀이 참조, 0.7 　　**4.** 풀이 참조, 1.3

5. 풀이 참조, 1.8 　　**6.** 풀이 참조, 1.8

7. 0.56 　　**8.** 1.14 　　**9.** 4.67

10. 3.33 　　**11.** 2.36 　　**12.** 1.33

13. 1.93 　　**14.** 0.82 　　**15.** 2.43

16. 0.77

연상퀴즈 바나나, 빨간 엉덩이, 동물 ; 원숭이

1.
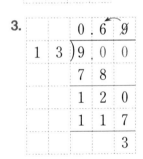
```
      0.6 6   ➡ 0.7
  6 ) 4.0 0
      3 6
        4 0
        3 6
          4
```

2.
```
      0.4 2   ➡ 0.4
  7 ) 3.0 0
      2 8
        2 0
        1 4
          6
```

3.
```
      0.6 9
  1 3 ) 9.0 0
        7 8
        1 2 0
        1 1 7
            3
```
➡ 0.7

4.
```
      1.3 3   ➡ 1.3
  3 ) 4.0 0
      3
      1 0
        9
        1 0
          9
          1
```

5.
```
      1.8 3
  6 ) 1 1.0 0
      6
      5 0
      4 8
        2 0
        1 8
          2
```
➡ 1.8

6.
```
        1.7 8
  1 4 ) 2 5.0 0
        1 4
        1 1 0
          9 8
          1 2 0
          1 1 2
              8
```
➡ 1.8

02 몫을 반올림하여 나타내기(1) **114~115**쪽

1. 풀이 참조, 0.4 　　**2.** 풀이 참조, 0.2

3. 풀이 참조, 0.8 　　**4.** 풀이 참조, 1.2

5. 풀이 참조, 2.1 　　**6.** 풀이 참조, 1.5

7. 금에 ○표 　　**8.** 석에 ○표

9. 위에 ○표 　　**10.** 개에 ○표

금석위개

1.
```
      0.3 8   ➡ 0.4
  6 ) 2.3 0
      1 8
        5 0
        4 8
          2
```

2.
```
      0.2 3   ➡
  1 1 ) 2.5 7
        2 2
          3 7
          3 3
            4
```

3.
```
      0.7 9   ➡ 0.8
  9 ) 7.1 5
      6 3
        8 5
        8 1
          4
```

4.
```
      1.2 2   ➡ 1.2
  7 ) 8.6 0
      7
      1 6
      1 4
        2 0
        1 4
          6
```

5.
```
      2.1 3
  3 ) 6.4 0
      6
        4
        3
        1 0
          9
          1
```
➡ 2.1

6.
```
        1.4 6
  1 2 ) 1 7.5 4
        1 2
          5 5
          4 8
            7 4
            7 2
              2
```
➡ 1.5

7. 3.1÷9 ➡ 0.3, 2.3÷3 ➡ 0.8, 4.1÷7 ➡ 0.6

8. 4.7÷6 ➡ 0.8, 5.6÷9 ➡ 0.6, 5.2÷7 ➡ 0.7

9. 12.7÷6 ➡ 2.1, 16.3÷7 ➡ 2.3, 10.7÷3 ➡ 3.

10. 2.3÷0.6 ➡ 3.8, 1.9÷0.3 ➡ 6.3,

2.7÷1.1 ➡ 2.5

03 몫을 반올림하여 나타내기(2) 116~117쪽

1. 풀이 참조, 0.53 　**2.** 풀이 참조, 0.42
3. 풀이 참조, 1.06 　**4.** 풀이 참조, 0.32
5. 풀이 참조, 0.94 　**6.** 풀이 참조, 0.79
7. 1.23 　**8.** 1.46 　**9.** 2.47
10. 2.54 　**11.** 2.22 　**12.** 1.17
13. 1.25 　**14.** 1.62 　**15.** 1.77

수수께끼 옷장 안에 불이 난다면? ; 장 안의 화재

1.
```
    0.5 3 3
3)1.6 0 0
  1 5
    1 0
      9
      1 0
        9
        1
```
➡ 0.53

2.
```
    0.4 1 6
6)2.5 0 0
  2 4
    1 0
      6
      4 0
      3 6
        4
```
➡ 0.42

3.
```
    1.0 6 X
7)7.4 3 0
  7
    4 3
    4 2
      1 0
        7
        3
```
➡ 1.06

4.
```
    0.3 1 7
9)2.8 6 0
  2 7
    1 6
      9
      7 0
      6 3
        7
```
➡ 0.32

5.
```
     0.9 4 X
1 2)1 1.3 0 0
    1 0 8
        5 0
        4 8
          2 0
          1 2
            8
```
➡ 0.94

6.
```
     0.7 8 8
1 1)8.6 7 0
    7 7
      9 7
      8 8
        9 0
        8 8
          2
```
➡ 0.79

04 (소수)÷(자연수)에서 나머지 구하기 118~119쪽

1. 풀이 참조 ; 3, 1.5 　**2.** 풀이 참조 ; 6, 1.3
3. 풀이 참조 ; 5, 2.9 　**4.** 풀이 참조 ; 4, 11.1
5. 풀이 참조 ; 11, 2.2 　**6.** 풀이 참조 ; 13, 0.7
7. 2.5 ; 1, 2.5 　**8.** 1, 1.3 ; 1, 1.3
9. 2, 1.4 ; 2, 1.4 　**10.** 3, 0.8 ; 3, 0.8
11. 3.7÷3=1…0.7 ; 1, 0.7
12. 6.2÷3=2…0.2 ; 2, 0.2
13. 7.7÷3=2…1.7 ; 2, 1.7
14. 4.9÷3=1…1.9 ; 1, 1.9

1.
```
      3
7)2 2.5
  2 1
    1.5
```

2.
```
      6
5)3 1.3
  3 0
    1.3
```

3.
```
       5
1 2)6 2.9
    6 0
      2.9
```

4.
```
        4
1 5)7 1.1
    6 0
      1 1.1
```

5.
```
      1 1
8)9 0.2
  8
  1 0
    8
    2.2
```

6.
```
      1 3
6)7 8.7
  6
  1 8
  1 8
    0.7
```

05 (소수)÷(소수)에서 나머지 구하기 **120~121쪽**

1. 풀이 참조 ; 6, 0.1 **2.** 풀이 참조 ; 9, 0.7

3. 풀이 참조 ; 43, 0.4 **4.** 풀이 참조 ; 21, 0.5

5. 풀이 참조 ; 11, 0.01 **6.** 풀이 참조 ; 22, 0.06

7. 0.2 ; 18, 0.2 **8.** 27, 0.4 ; 27, 0.4

9. 16, 0.1 ; 16, 0.1 **10.** 12, 0.3 ; 12, 0.3

11. $9.5 \div 0.7 = 13 \cdots 0.4$; 13, 0.4

12. $16.3 \div 0.7 = 23 \cdots 0.2$; 23, 0.2

13. $15.9 \div 0.7 = 22 \cdots 0.5$; 22, 0.5

14. $7.6 \div 0.7 = 10 \cdots 0.6$; 10, 0.6

1.
```
         6
0.3 ) 1.9
      1 8
      0.1
```

2.
```
         9
0.9 ) 8.8
      8 1
      0.7
```

3.
```
       4 3
0.5 ) 2 1.9
      2 0
        1 9
        1 5
        0.4
```

4.
```
       2 1
1.7 ) 3 6.2
      3 4
        2 2
        1 7
        0.5
```

5.
```
         1 1
0.2 5 ) 2.7 6
        2 5
          2 6
          2 5
          0.0 1
```

6.
```
         2 2
0.1 6 ) 3.5 8
        3 2
          3 8
          3 2
          0.0 6
```

06 나눗셈의 몫과 나머지를 바르게 구했는지 확인하기 **122~123쪽**

1. $4 ; 1.4 \times 4 + 1.3 = 6.9$

2. $5 ; 0.6 \times 5 + 0.5 = 3.5$

3. $1 ; 3.8 \times 1 + 3.6 = 7.4$

4. $6 ; 0.49 \times 6 + 0.11 = 3.05$

5. $1 ; 5.12 \times 1 + 3.94 = 9.06$

6. $7 ; 1.33 \times 7 + 0.04 = 9.35$

7. $12 ; 3.6 \times 12 + 2.5 = 45.7$

8. $21 ; 1.7 \times 21 + 1.2 = 36.9$

9. $11 ; 4.3 \times 11 + 3.1 = 50.4$

10. $14 ; 4.1 \times 14 + 0.1 = 57.5$

11. $18 ; 2.8 \times 18 + 2.2 = 52.6$

12. $19 ; 2.3 \times 19 + 0.1 = 43.8$

13. $16 ; 1.51 \times 16 + 1.48 = 25.64$

14. $17 ; 1.63 \times 17 + 0.3 = 28.01$

15. $20 ; 1.79 \times 20 + 0.98 = 36.78$

수수께끼 세상에서 가장 큰 차는? ; 아프리카

7.
```
         1 2
3.6 ) 4 5.7
      3 6
        9 7
        7 2
        2.5
```

8.
```
         2 1
1.7 ) 3 6.9
      3 4
        2 9
        1 7
        1.2
```

9.
```
         1 1
4.3 ) 5 0.4
      4 3
        7 4
        4 3
        3.1
```

10.
```
         1 4
4.1 ) 5 7.5
      4 1
      1 6 5
      1 6 4
        0.1
```

11.
```
         1 8
2.8 ) 5 2.6
      2 8
      2 4 6
      2 2 4
        2.2
```

12.
```
         1 9
2.3 ) 4 3.8
      2 3
      2 0 8
      2 0 7
        0.1
```

13.
```
           1 6
1.5 1 ) 2 5.6 4
        1 5 1
        1 0 5 4
          9 0 6
          1.4 8
```

14.
```
           1 7
1.6 3 ) 2 8.0 1
        1 6 3
        1 1 7 1
        1 1 4 1
          0.3 0
```

07 집중 연산 Ⓐ 124~125쪽

1. (위부터) 3, 1.3 ; 1, 0.7
2. (위부터) 8, 0.3 ; 4, 0.1
3. (위부터) 4, 2.4 ; 4, 4.5
4. (위부터) 9, 0.5 ; 5, 2.2
5. (위부터) 6, 4.1 ; 7, 4.2
6. (위부터) 2, 0.52 ; 10, 0.75
7. (위부터) 13, 2.7 ; 9, 7.2
8. (위부터) 3, 2.01 ; 5, 0.99
9. 1.2, 1.23
10. 0.9, 4.37
11. 2.1, 2.3, 1.73, 1.81
12. 1.4, 1.2, 1.58, 2.19
13. 40.7, 9.1, 44.67, 8.14
14. 9, 33.7, 5.18, 19.91

08 집중 연산 Ⓑ 126~127쪽

1. $10 : 9 \times 10 + 8.2 = 98.2$
2. $24 : 0.5 \times 24 + 0.3 = 12.3$
3. $18 : 4 \times 18 + 3.7 = 75.7$
4. $18 : 0.47 \times 18 + 0.11 = 8.57$
5. $1, 1.5 ; 6 \times 1 + 1.5 = 7.5$
6. $14, 0.5 ; 0.8 \times 14 + 0.5 = 11.7$
7. $4, 1.8 ; 3 \times 4 + 1.8 = 13.8$
8. $24, 0.2 ; 0.4 \times 24 + 0.2 = 9.8$
9. $8, 4.5 ; 6 \times 8 + 4.5 = 52.5$
10. $11, 0.01 ; 0.25 \times 11 + 0.01 = 2.76$
11. 1.4   12. 1.4   13. 2.9
14. 1.1   15. 1.6   16. 1.4
17. 7.4   18. 11.6   19. 13.1
20. 14.6   21. 1.87   22. 2.51
23. 0.63   24. 1.05   25. 1.25
26. 17.71   27. 5.74   28. 1.17
29. 17.33   30. 8.42

7 비례식 (1)

01 전항, 후항, 외항, 내항 130~131쪽

1. 3, 8   2. 6, 5   3. 2, 7
4. 9, 4   5. 4, 9 ; 3, 12   6. 2, 12 ; 3, 8
7. 15, 2 ; 6, 5   8. 8, 6 ; 3, 16   9. ○
10. ×   11. ○   12. ×   13. ○
14. ○   15. ×   16. ○   17. ×

02 비의 성질 (1) 132~133쪽

1. 24   2. 18, 4   3. 4, 28, 16
4. 5, 20, 45   5. 4, 48, 44   6. 5, 35, 60
7. 6, 36, 30   8. 7, 28, 21   9. 7, 56, 77
10. 3, 45, 21   11. 27   12. 44
13. $3 : 5 = \blacksquare : 30 ; 18$ 14. $8 : 7 = 56 : \blacksquare ; 49$
15. $13 : 15 = \blacksquare : 45 ; 39$
16. $6 : 7 = 36 : \blacksquare ; 42$

03 비의 성질 (2) 134~135쪽

1. 3   2. 7, 1   3. 7, 3, 5
4. 3, 3, 8   5. 4, 6, 5   6. 9, 4, 5
7. 10, 4, 7   8. 7, 4, 5   9. 6, 9, 7
10. 2, 8, 17   11. 5   12. 4
13. $42 : 24 = 7 : \blacksquare ; 4$ 14. $48 : 30 = 8 : \blacksquare ; 5$
15. $12 : 21 = \blacksquare : 7 ; 4$ 16. $40 : 65 = \blacksquare : 13 ; 8$

04 자연수의 비를 간단한 자연수의 비로 나타내기 136~137쪽

1. 10, 3, 4   2. 9, 6, 7   3. 6, 5
4. 9, 4   5. 9, 14   6. 4, 3
7. 1, 4   8. 2, 3   9. 7, 12
10. 5, 9   11. 9 : 4   12. 12 : 13
13. 3 : 4   14. 4 : 17   15. 9 : 13
16. 7 : 15   17. 2 : 1   18. 2 : 3

05 소수의 비를 간단한 자연수의 비로 나타내기 **138~139쪽**

1. 35, 5	2. 15, 15, 5	3. 1, 7
4. 3, 4	5. 7, 1	6. 2, 7
7. 3, 4	8. 9, 7	9. 11 : 5
10. 5 : 3	11. 7 : 9	12. 7 : 6
13. 1 : 4	14. 4 : 3	15. 35 : 58
16. 58 : 45		

06 분수의 비를 간단한 자연수의 비로 나타내기 **140~141쪽**

1. 24, 24, 7, 8	2. 10, 10, 6, 5	3. 3, 2
4. 12, 5	5. 15, 8	6. 16, 7
7. 7, 6	8. 4, 5	9. 15 : 16
10. 7 : 6	11. 6 : 5	12. 25 : 32
13. 3 : 5	14. 7 : 12	15. 3 : 10
16. 15 : 16		

07 소수와 분수의 비를 간단한 자연수의 비로 나타내기 **142~143쪽**

1. 10, 15, 15, 5		2. 11, 11, 35, 22
3. 7, 15	4. 32, 21	5. 2, 7
6. 9, 5	7. 5, 7	8. 10, 9
9. 쥐에 ○표	10. 네에 ○표	11. 마에 ○표
12. 리에 ○표	13. 가에 ○표	14. 모에 ○표
15. 이에 ○표	16. 면에 ○표	

수수께끼 쥐 네 마리가 모이면 ; 쥐포

08 집중 연산 Ⓐ **144~145쪽**

1. 2 : 5 ; 17 : 12	2. 11 : 8 ; 15 : 19
3. 4 : 5 ; 7 : 8	4. 6 : 5 ; 8 : 7
5. 3 : 4 ; 9 : 13	6. 7 : 9 ; 40 : 27
7. 2 : 3 ; 1 : 3	8. 19 : 50 ; 15 : 2
9. 28	10. 45	11. 3	12. 55
13. 9	14. 5	15. 60	16. 5
17. 108	18. 48		

09 집중 연산 Ⓑ **146~147쪽**

1. 6, 12	2. 35, 15	3. 30, 8	4. 15, 24
5. 16, 72	6. 14, 24	7. 3, 7	8. 3, 2
9. 5, 8	10. 8, 14	11. 4, 6	12. 10, 12
13. 14 : 5	14. 4 : 7	15. 7 : 12	16. 4 : 3
17. 17 : 9	18. 1 : 4	19. 20 : 3	20. 10 : 1
21. 25 : 3	22. 40 : 9	23. 5 : 3	24. 40 : 7

8 비례식 (2)

01 비례식 알아보기 **150~151쪽**

1. 8, 10   2. 21, 12

3. $20 : 4 = 5 : 1$ (또는 $5 : 1 = 20 : 4$)

4. $8 : 4 = 2 : 1$ (또는 $2 : 1 = 8 : 4$)

5. $6 : 10 = 3 : 5$ (또는 $3 : 5 = 6 : 10$)

6. $8 : 20 = 2 : 5$ (또는 $2 : 5 = 8 : 20$)

7. $5 : 4 = 20 : 16$ (또는 $20 : 16 = 5 : 4$)

8. $10 : 11 = 30 : 33$ (또는 $30 : 33 = 10 : 11$)

9.

출발

$3 : 2 = 6 : 9$	$15 : 3 = 5 : 1$	$18 : 27 = 6 : 4$
$4 : 7 = 8 : 10$	$7 : 2 = 35 : 10$	$6 : 11 = 12 : 22$
$15 : 3 = 5 : 1$	$18 : 12 = 3 : 2$	$8 : 4 = 3 : 1$
$15 : 6 = 5 : 3$	$5 : 9 = 30 : 36$	$36 : 42 = 6 : 8$
$8 : 10 = 4 : 5$	$42 : 54 = 7 : 9$	$9 : 8 = 27 : 36$
$12 : 20 = 3 : 5$	$56 : 21 = 8 : 3$	$3 : 7 = 24 : 63$

자전거

02 비례식의 성질　152~153쪽

1. 32, 32 ; ◯　　　**2.** 84, 84 ; ◯
3. 48, 72 ; ×　　　**4.** 135, 135 ; ◯
5. ×　　**6.** ◯　　**7.** ◯　　**8.** ×
9. ◯　　**10.** ◯　　**11.** ◯　　**12.** ×
13. ◯　　**14.** ×　　**15.** ×　　**16.** ◯
17. ◯　　**18.** ×　　**19.** ×　　**20.** ◯

03 두 비율을 보고 비례식으로 나타내기　154~155쪽

1. $7 : 9 = 21 : 27$　　**2.** $2 : 3 = 8 : 12$
3. $4 : 7 = 16 : 28$　　**4.** $3 : 4 = 15 : 20$
5. $3 : 8 = 18 : 48$　　**6.** $5 : 6 = 25 : 30$
7. $7 : 12 = 21 : 36$　　**8.** $8 : 15 = 32 : 60$
9. $9 : 13 = 36 : 52$　　**10.** $5 : 11 = 25 : 55$

11. 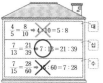 **12.**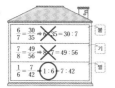

13. 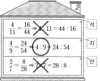 **14.**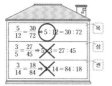

십벌지목

04 비례식의 성질의 활용　156~157쪽

1. 45, 3, 15　　**2.** 72, 72, 8　　**3.** 15
4. 45　　**5.** 12　　**6.** 80
7. 6　　**8.** 8　　**9.** 20
10. 9　　**11.** $4 : 3 = 32 : ★$; 24
12. $★ : 28 = 8 : 7$; 32
13. $7 : 10 = ★ : 70$; 49
14. $18 : ★ = 90 : 25$; 5

05 두 수의 비로 비례배분하기　158~159쪽

1. 18, 4, 4, 24　　　**2.** 45, 1, 1, 9
3. 6, 12　　**4.** 9, 15　　**5.** 35, 15
6. 8, 12　　**7.** 132, 88　　**8.** 100, 40
9. 28, 21　　**10.** 36, 24　　**11.** 18, 63
12. 84, 60　　**13.** 95, 57　　**14.** 36, 20
15. 56, 49　　**16.** 27, 72

06 집중 연산 A　160~161쪽

1. $3 : 2 = 6 : 4$(또는 $6 : 4 = 3 : 2$)
2. $5 : 9 = 20 : 36$(또는 $20 : 36 = 5 : 9$)
3. $4 : 3 = 16 : 12$(또는 $16 : 12 = 4 : 3$)
4. $7 : 2 = 28 : 8$(또는 $28 : 8 = 7 : 2$)
5. $36 : 9 = 4 : 1$(또는 $4 : 1 = 36 : 9$)
6. $4 : 3 = 20 : 15$(또는 $20 : 15 = 4 : 3$)
7. $6 : 11 = 24 : 44$(또는 $24 : 44 = 6 : 11$)
8. $16 : 28 = 4 : 7$(또는 $4 : 7 = 16 : 28$)
9. 32, 40　　**10.** 12, 18 ; 16, 14
11. 35, 7 ; 33, 9　　**12.** 48, 72 ; 70, 50
13. 63, 72 ; 75, 60　　**14.** 102, 51 ; 81, 72
15. 70, 112 ; 39, 143　　**16.** 170, 40 ; 150, 60

07 집중 연산 B　162~163쪽

1. 56　　**2.** 63　　**3.** 7
4. 7　　**5.** 44　　**6.** 21
7. 4　　**8.** 27　　**9.** 5
10. 13　　**11.** 56　　**12.** 12
13. 12, 21　　**14.** 12, 30　　**15.** 4, 14
16. 21, 14　　**17.** 12, 3　　**18.** 9, 12
19. 24, 20　　**20.** 44, 33　　**21.** 55, 25
22. 28, 68　　**23.** 25, 40　　**24.** 70, 49

9 원의 넓이

01 지름, 반지름 구하기 166~167쪽

1. 10	2. 3	3. 8
4. 9	5. 14	6. 4
7. 34	8. 28	9. 31
10. 37	11. 35	12. 39
13. 41		

수수께끼 들고 다니는 산은 ; 우산

02 원주 구하기 168~169쪽

1. 6, 18	2. 7, 3, 42	3. 27.9
4. 30	5. 34.54	6. 50.24
7. 195.3	8. 272.8	9. 213.9
10. 229.4	11. 254.2	12. 241.8
13. 263.5	14. 279	

03 원의 넓이 구하기 170~171쪽

1. 3, 3, 27	2. 5, 5, 77.5	3. 111.6
4. 153.86	5. 300	6. 607.6

7. 379.94 ; 379.94

8. $9 \times 9 \times 3.14 = 254.34$; 254.34

9. $14 \times 14 \times 3.14 = 615.44$; 615.44

10. $12 \times 12 \times 3.14 = 452.16$; 452.16

11. $3 \times 3 \times 3.14 = 28.26$; 28.26

12. $8 \times 8 \times 3.14 = 200.96$; 200.96

오징어, 새우, 굴

04 집중 연산 Ⓐ 172~173쪽

1. 18, 9	2. 30, 15	3. 24, 12
4. 26, 13	5. 40.3	6. 46.5
7. 49.6	8. 71.3	9. 86.8
10. 93	11. 48	12. 75
13. 147	14. 108	15. 363
16. 300	17. 216.75	18. 270.75
19. 468.75	20. 546.75	

05 집중 연산 Ⓑ 174~175쪽

1. 9, 12	2. 7, 6.5	3. 13, 18
4. 3, 8	5. 12, 19	6. 12, 9
7. 21, 28	8. 21, 17.5	9. 48, 243
10. 48, 192	11. 310, 793.6	12. 151.9, 1240
13. 78.5, 153.86		14. 314, 706.5
15. 111.6, 523.9		16. 63.585, 94.985

빅터의 플러스 알파 176쪽

1. $2\frac{1}{2}$ 　　　　　2. $1\frac{1}{9}$

정답 및 풀이

6B

초등 6 수준

		초등학교
학년	반	번
이름